U0295860

“海洋梦”系列丛书

海晏河清

人海和谐共生之路

“海洋梦”系列丛书编委会◎编

图书在版编目（CIP）数据

海晏河清：人海和谐共生之路/“海洋梦”系列丛书编委会编．—合肥：合肥工业大学出版社，2015.9

ISBN 978－7－5650－2413－9

Ⅰ.①海…　Ⅱ.①海…　Ⅲ.①人类—关系—海洋—普及读物　Ⅳ.①P7－49

中国版本图书馆 CIP 数据核字（2015）第 209016 号

海晏河清：人海和谐共生之路

“海洋梦”系列丛书编委会　编　　　　责任编辑　张惠萍　李克明

出　版	合肥工业大学出版社	版　次	2015 年 9 月第 1 版
地　址	合肥市屯溪路 193 号	印　次	2015 年 9 月第 1 次印刷
邮　编	230009	开　本	710 毫米×1000 毫米　1/16
电　话	总　编　室：0551－62903038	印　张	12.75
	市场营销部：0551－62903198	字　数	200 千字
网　址	www.hfutpress.com.cn	印　刷	三河市燕春印务有限公司
E-mail	hfutpress@163.com	发　行	全国新华书店

ISBN 978－7－5650－2413－9　　　　定价：25.80 元

如果有影响阅读的印装质量问题，请与出版社市场营销部联系调换。

目 录

海晏河清——人海和谐共生之路

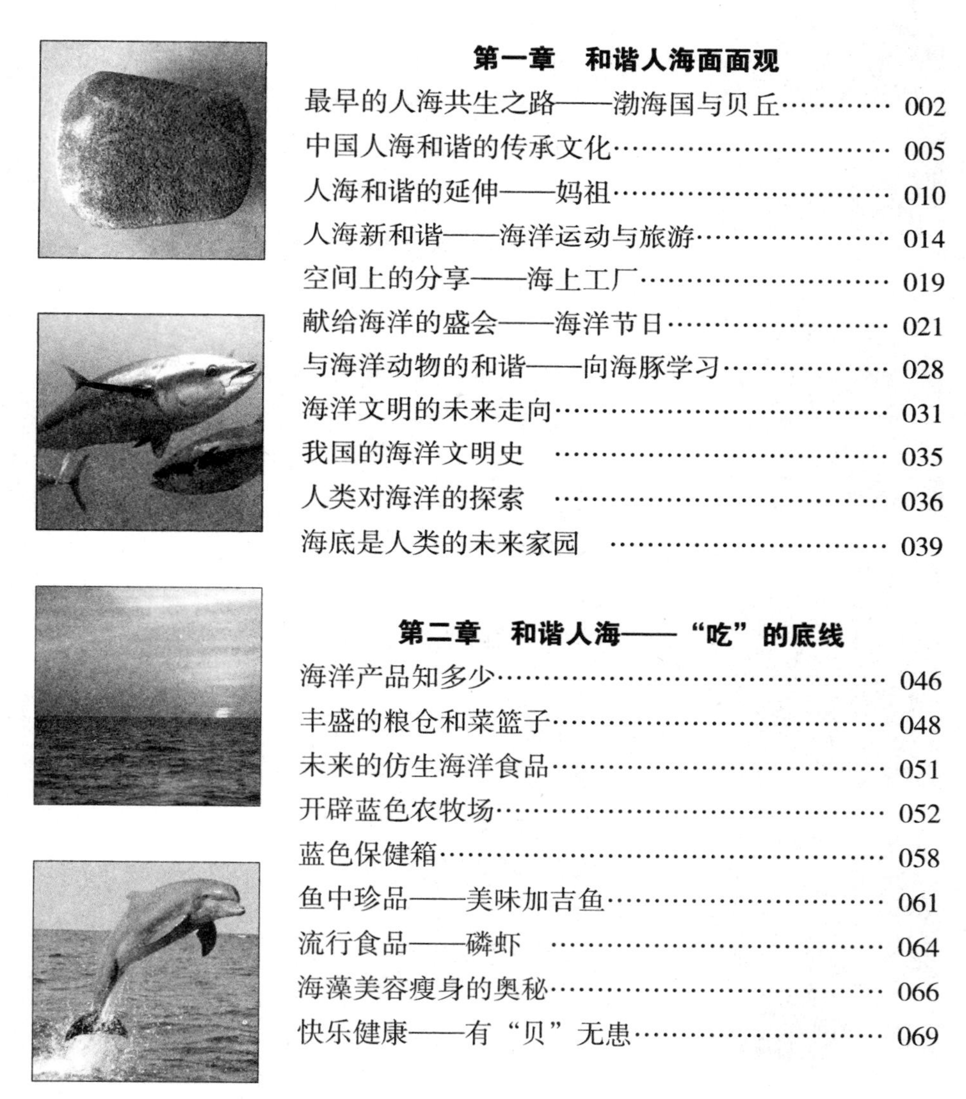

第一章 和谐人海面面观

第二章 和谐人海——“吃”的底线

第三章　源远流长的人海文化

第四章　和谐人海趣闻

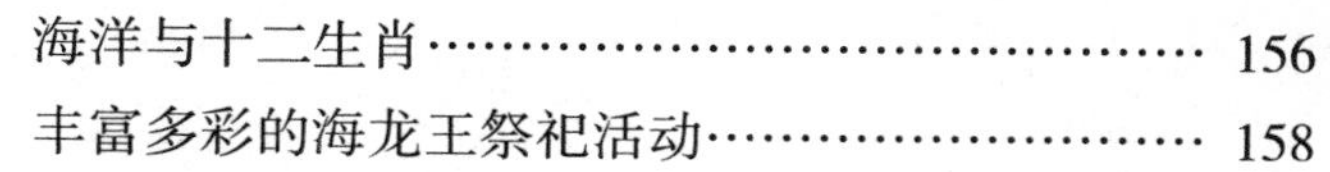

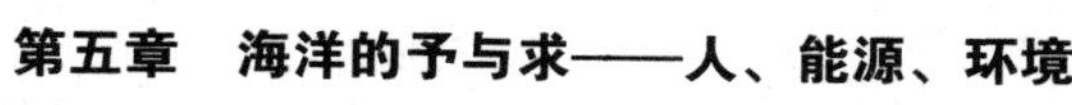

第五章　海洋的予与求——人、能源、环境

第一章
和谐人海面面观

这是一个以“和谐”为主流的时代，即使在人类与海洋的相处中，也处处能体现出和谐的概念，人海文化的和谐，人海资源的和谐以及人与海洋动物的和谐等等。在本章内容中，让我们时时刻刻感受和谐精髓的魅力。

最早的人海共生之路——渤海国与贝丘

考古材料和文献记载表明，自5000年前的新石器时代晚期以来，居住在东北沿海地区的民族就和大海息息相关，为了生存，他们对海洋进行了不懈的探索，开展了广泛的海上活动。这些海上活动是我国悠久的航海史的一部分。他们还以海洋为通道，将我国灿烂的汉文化传播到东北亚各地区及遥远的北美大陆，这是对人类文明史具有深远意义的伟大贡献。

渤海国遗址

公元7世纪，东北地区崛起了一个以粟末靺鞨人为主体的地方封建政权——渤海国。渤海人作为唐王朝的一员，充分利用其历史、地理、政治、经济、文化诸方面极为有利的条件，极大地吸收了盛唐文化，使之迅速成为雄踞东北的“海东盛国”。

东北古代民族中，与海洋发生关系并进行广泛海上活动的，有肃慎、濊貊、挹娄、沃沮、鲜卑、靺鞨等民族。肃慎是其中最古老的一个民族。

肃慎活动的时间，见诸文献的，是自虞舜的传说时代至商周时期。而考古材料则表明，肃慎人及其祖先，早在旧石器时代晚期就已经活跃在东北北部沿海地区了。

肃慎与中原王朝发生联系的时期很早。我国古代文献《竹书纪年》载有：“肃慎者，虞夏以来东北大国也，一名息慎。”该书指出，在虞舜时期，肃慎与中原王朝有着朝贡关系：“（帝舜有虞氏）二十五年，息慎氏朝，贡弓矢。”并置于舜的管辖之下：“（虞舜）夫能理三苗……纳息慎。”自虞舜至夏（禹）、成（汤）、周（昌）时期，肃慎与中原的关系一直很密切。“文王卒受天命……海外肃慎、北发……来服。”（《大戴礼记》《心间篇》）后世评曰：“自

虞暨周，西戎有白环之献，东夷有肃慎之贡，皆旷世而致。”（《三国志·魏志·东夷传》）

肃慎的地理位置，据《山海经·大荒北经》载：“大荒之中有山，名曰不咸，有肃慎氏之国。”郭璞注称：“肃慎在辽东之东三千里。”《左传》昭公九年杜予注谓：“肃慎，北夷，在玄菟北三千里。”郭璞、杜予为晋时人，魏、晋玄菟郡治在今抚顺，辽东郡治在今辽阳市，肃慎北支距辽阳1500千米，在今黑龙江流域是有根据的。

黑龙江美景

《括地志》记载：“古肃慎，在京东北八千四百里……东及北各抵大海。”京为长安，史籍有谓，长安距辽东郡为2300千米，而肃慎则在辽东郡北1500千米，与《括地志》所记大体相符，当在今黑龙江中、下游。肃慎北边的海即鄂霍次克海，东边的海即日本海。

肃慎的地域也为中外学者公认。苏联学者奥克拉德尼科夫说：“在黑龙江中、下游，乌苏里江流域和兴凯湖附近，以及现代的东北几千年居住着河上渔人和农人……最初是古代的肃慎、挹娄、勿吉。”（《石勒喀洞穴——黑龙江上游的古代遗存》）日本学者箭内亘说：“挹娄（古肃慎）的北境，应该到达松花、黑龙两江下游。”（《满洲历史地理》第一卷）

这样一个有着悠久历史的古老民族，成年累月居住在海边，虽然文献史料上没有记载他们的海上活动，但大量的考古材料却展现了他们海上活动的历史画卷。

早在遥远的新石器时代初期，肃慎的先民在黑龙江入海口及日本海西岸，就已经用粗糙的石斧制作了鱼栅、鱼篓等捕鱼器具，进行简单的海上活动了。从而这里的人类由简单地采集海水冲来的可食软体动物和水草，过渡到在辽阔的海面上捕鱼，掀开了东北古代民族海上活动的第一页。

粗糙的石斧

从5000年前的新石器时代晚期到公元前2000年左右的商周时期，肃慎人的海上活动可以分为两部分：一是海上捕捞业，二是对海上航行的尝试和探索。

黑龙江沿岸的大型石器中，往往有一种用火成岩制成的穿孔棒槌，它的用途是打死网住和钓到的大鳇鱼和鲟鱼。在富产河鱼和海鱼的河口和大海湾附近，都有出土非常丰富的大遗址。

在公元前3000年至公元前2000年，沿海的肃慎人创造了一种发达的新石器时代文化——贝丘文化，将肃慎人的海上活动推向了一个新的阶段。贝丘文化的分布，几乎遍于现今俄罗斯滨海边区，从格拉德卡河到黑龙江入海口。

贝丘文化实际上是肃慎人海上活动的集中反映。他们的经济生活和海洋有着千丝万缕的联系。贝丘遗址中最多的是海洋中可食软体动物的甲壳，人们经常大量食用的软体动物，主要是牡蛎和贻贝。贝丘遗址的居民们已经有了专门的海上捕捞业。在发现的贝壳中，有一些是属于在大海深水里生活的软体动物。这些海螺生活在30 ~ 70米的深水中。在大彼得湾常见的蛤蜊，只见于水深4米以下的泥沙中。

贝丘遗址的鱼骨，不少于8种鱼，鳕鱼、比目鱼、鰕虎、海粘鲈、日本海鲈鱼、鲭鱼、鲱鱼、金枪鱼都是海鱼。金枪鱼一般都聚成大群，每群有500 ~ 1500条。这些鱼骨表明，当时捕获的主要是适合于大眼网（鳕、比目鱼、鰕虎）和钩子（鳕鱼、金枪鱼）打捞的鱼类。

金枪鱼

贝丘发现最多的石器是石坠，数量往往达几十或几百件。它表明渔业的重要作用，捕捞规模相当可观，渔网的尺寸也很大。

贝丘还出有大量的纺轮，证明当地居民用植物纤维进行加工，而纺出的线则很多是用到编织渔网上了。

骨器中有鱼钩，是复合的，也有用整块骨料刻成的。这些渔钩应是海洋深水钩杆上使用的。

鱼镖一直在海洋捕捞业中占重要地位。贝丘出土了骨制的鱼镖头和板岩制的鱼镖头。这标志贝丘文化的主人已经进行了外海捕捞，将自己的捕捞作业开展到远离海岸的

外海，这预示着必须有能够经得住颠簸和风暴的船。

1953年，锡迭米河河口，发现了一件骨制坠饰，是沿海居民船只图案化的塑像。船头和船尾高高翘起，这正是海船应有的形状。

肃慎的先民运用自己掌握的航海技术对海上航行进行了勇敢地尝试和探索。在新石器时代中晚期，有迹象表明这里的人们利用海洋为通道，将本地区具有典型意义的陶器底部叶脉形状的刻画传播到日本。这种刻画出现在日本绳文文化（日本的新石器时代文化）中期，而随后又得以广泛流行。这表明这里的人们与日本的部落存在着联系。材料表明，除日本列岛、朝鲜和远东，任何地区都没有树叶印痕和模拟叶脉的图画。

肃慎人富有创造性的海上活动

古代陶器

对后来的挹娄、沃沮和靺鞨产生了巨大的影响，其航海技术可能被挹娄人继承下来。

中国人海和谐的传承文化

1. 中国农耕文明“天人合一”的实践

我国是世界历史上规模最大、时间最长、水平最高的农耕文明古国。农耕文明生产力仍很低下，靠天吃饭。我国农业生产主要倚仗季风定期带来雨水以及有限的水利灌溉系统，几千年来繁衍着1/4甚至有时达1/3的世界人口。人们对天是十分敬重的，一年分成24个节气，严格顺应天气变化来安排农事。

所耗能源都直接或间接来自太阳能。樵夫砍柴，农夫收获，渔夫捕鱼，主要靠光合作用转化的生物质来支撑整个社会。对火的使用，主要是熟食、取暖、放火开荒，也用来烧窑制陶、冶炼金属等。人们使用的动力，主要是人力与畜力，犁田时人拉、牛牵，运输也是人担、驴驮、马拉；有时也利用风能与水能，如风车、水磨、帆船等。

几千年的农耕文明，虽然生产力发展不快，水平不高，但在西方工业革命前夕，中国人口已达3亿多，经济总量比整个欧洲还大。农耕文明仰仗于天，敬畏自然。中国皇帝每年初始，总要到天坛之类的地方举行祭天活动,祈求风调雨顺。而且农耕文明也创造出十分灿烂的文化。我国古代出现许多杰出的哲学家、思想家、文学家、艺术家，其精神遗产至今仍为全世界所崇仰。孔子被公认为全球文化巨人之首。老子的《道德经》，其译本量仅次于《圣经》。唐宋的著名诗词，至今仍无人敢挑战。

现在看来，农耕文明只是物质转化的文明，确实比工业文明要落后很多，所以我们将“工业化”列为现代化之首。但农耕文明的环境状况对地球生态的友好态度，却是值得称道的。

老子雕塑

2. 农耕文明的“天人合一”理念

今天发生的一切使我们不得不细细品味先人“天人合一”的哲理。作为同天下的姊妹兄弟，我们要告诉明天的子孙：和谐是永恒的主题。

和谐是人类永恒的主题，也是人类共同的心声。我们想要告诉子孙的也是祖先早已告诉我们的，只是我们面对物欲横流的社会太容易忘记。让我们聆听祖先的教诲，重温贤人对和谐的精辟论述。

在人与自然的关系上，主张“天人合一”，肯定人与自然界的统一，强调人类应当认识自然、尊重自然、保护自然，而不能破坏自然，反对一味地向自然索取，反对片面地征服自然。

你知道吗

中国古代哲人
有哪些天人合一的观点

道家创始人老子提出：“人法地，地法天，天法道，道法自然。”强调人要以尊重自然规律为最高准则，以崇尚自然、效法天地作为人生行为的基本归宿。

《中庸》说："致中和，天地位焉，万物育焉。"强调天、地、人的和谐发展。宋代张载在《正蒙》提出了"民吾同胞，的吾与也"，意即人类是我的同胞，天地万物是我的朋友，天与人、万物与人类本质上是一致的。中国古代哲人根据天人合一的观念，要求以和善、友爱的态度对待自然万物，善待鸟、兽、草、木，提出了丰富的保护自然资源的思想。

在人与人的关系上，提倡宽和处世，协调人际关系，创造"人和"的人际环境，追求以形成和谐的人际关系为主题的大同社会。孔子说："君子和而不同，小人同而不和。"他又说："君子矜而不争，群而不党。"孟子也认为，"天时不如地利，地利不如人和"。

在心与身的关系上，主张人之身心和谐，保持平和、恬淡的心态。儒家肯定人们对物质利益的正当追求，肯定人的正当欲求。孔子说："富与贵，是人之所欲也。""富而可求，虽执鞭之士，吾亦为之。"但他又强调"欲而不贪"，反对放纵欲念。这种把对生命价值的关怀与对道义价值的弘扬有机结合起来的人生观是值得肯定的。道家创始人老子也主张人之形体与精神的合一，他说："载营魄抱一，能无离乎？""挫其锐，解其纷，和其光，同其尘。"这是说，具有和谐的人格，就能"消除个我的固蔽，化除一切的封闭隔阂，超越于世俗偏狭的人伦关系局限，以开豁的心胸与无所偏的心境去看待一切人和物"。

孔子雕塑

在民族与民族、国家与国家的关系上，主张和谐共处，协和万邦。《尚书·尧典》说："百姓昭苏，协和万邦。"《周易·乾卦》说："首出庶物，万国咸宁。"即主张万邦团结，和睦共处。孔子提出"四海之内皆兄弟"，又说："远人不服，则修文德以来之，既来之则安之。"主张以文德感化外邦，反对轻率地诉诸武力。孟子提出"仁者无敌"，

主张“以德服人”，提倡王道，反对霸道。王道与霸道相反，霸道是以武力作后盾，处理国内和国际关系；王道则是利用和平的手段，通过在国际建立相互信任的关系而扩大自己的影响。

3. 农耕文明中的“人海和谐”

辽阔无垠的大海，唤起了农耕民族“人海和谐”的心态。他们祈求神灵保佑渔民出海平安和渔业丰收，创造了中国的航海女神，并立庙祭祀，定期迎神出会表演民间舞蹈。蔚蓝的大海与天相接，一望无际，神奇莫测，气象万千，偶尔出现的海市蜃楼，更是神秘与美妙。这些来自大海的自然景观，给生活在黄土地上的农耕民族带来无数蓝色的梦幻与创造。

太阳从海上升起，总是那样清新，慢慢地飞越长空，缓缓地落下，每日如此。这些自然现象使古人产生许多幻想，认为大海里有个为太阳沐浴的地方，并叫它“汤谷”。十个太阳轮流，每天有一个沐浴后由一只鸟驮着飞出海面，古人把这只“三足”鸟叫“踆”。如《山海经·海外东经》关于太阳神话的记述：“下有汤谷，汤谷上有扶桑，十日所浴。”《山海经·大荒东经》：“一日方至，一日方出，皆载于鸟。”一些学者注释：“日中有踆鸟”。《淮南子》：“踆犹蹲也，谓三足鸟；踆音逡。”

太阳既是神鸟，又有十只，遇

海上日出美景

澳门妈祖庙

久旱无雨庄稼枯死，古人又幻想出一位叫作“羿”的神人，编创了“羿射九日”的传说故事。古人从太阳与大海的幻想中，创作了许多神话故事，以表达改造自然的意志和愿望。如：夸父敢与太阳竞走，只因喝不到“大泽”之水，才被渴死的“夸父逐日”；小小的精卫鸟，坚持不懈地衔西山之木石，以填东海的“精卫镇海”等。这些来自大海的蓝色幻想与创造，积淀着古人的智慧和信念，激励着后人勇于奋进。

中国是以农为本的国家，沿海民族从事农耕者居多。近海处除一些盐碱滩适于晒盐外，仍有大面积的农田。即便从事渔业、盐业、远航经商的人，所需的粮食也多由本村寨或本家族耕作、供给，沿海一带基本上仍是农耕经济。作为农耕文化主体的“天人合一”的思想观念，在沿海民族中仍占主导地位。只是因居住环境和劳动生活之不尽相同，而形成中国海洋文化型的思想观念，即“人海和谐”的心态。这种特有的心理状态，反映在劳动生活和文化艺术等各个方面。

大海给人类带来文明，带来物质资源和财富，但它和给人类带来文明与灾难的火一样，经常带来意外的灾害。大海发怒，狂风海啸顿时四起，巨浪滔天，把海上、岸边的一切吞噬殆尽，使人们对它恐惧和敬畏。为了出海捕鱼安全、远航一帆风顺，使沿海地区免遭台风海啸的袭击和破坏，人们幻想出各种神灵，渴望靠他们的神力消灾解难，求得渔业和农业的丰收。于是，用歌舞悦神许愿，举行盛大的民间艺术活动谢神还愿，成为沿海渔村、农村的重要宗教活动与文化生活。

过去沿海地区居民，都有所崇奉的神灵和祭神活动。信仰佛教的崇奉观音菩萨；宋、元后有妈祖（天妃）信仰；京族有信奉“镇海大王”的习俗等。浙江舟山群岛的普陀山，是中国佛教四大名山之一，南宋以后定为供奉观音为主的禅林，传说观世音菩萨在此现身。五代后梁时，日本僧人慧锷从五台山迎观音像归国，途中在此遇风受阻，于是建“不肯去观音院”。宋、明后，中国和日本、朝鲜间商旅往来日益频繁，远航商旅多在此避风，拜观音祈佑旅途平安，使此地成为航海人求神护佑的圣地。

人海和谐的延伸——妈祖

在中国，妈祖是影响广泛而深远的海神之一。中国沿海各省市以及东南亚很多国家和地区，凡是有海运的地方大多会有妈祖庙。人们在起航前大都先拜祭妈祖，祈求保佑顺风和安全。作为人们心中的“海上女神”，妈祖是人们安定幸福的心理慰藉，她慈眉善目、气定神闲的形象世代流传。

古代盐业的生产场面情景再现

人行善事，死后为神

根据《闽书》记载，妈祖确有其人。她姓林名默，福建省莆田市湄洲岛人，生于宋建隆元年，从小天资聪颖。她一方面精通医学，为百姓治病；一方面占卜天气，事先告诉渔夫客商能否出海。林默还有极好的水性，常常救助海上的渔民于危险之中。相传，在林默16岁那年，她的父亲和兄长出海捕捞，在家中帮母亲织布的她，忽然感觉异常困乏，就睡在了织机上。梦中，她看到了波涛滚滚的海浪将父、兄驾驶的船打翻，父、兄落水。林默立即跳入海中，将父亲拉起。而此时，在家的母亲见到睡梦中的林默不安，就将其叫醒。醒后的林默一惊，手中的梭子就掉在了地上，她悲痛地看着母亲说阿爸得救了、阿兄去世了。母亲起初不信，但后来看到只身一人返航的丈夫才号啕大哭。林默“游魂救父”的事迹传开之后，乡亲们都惊异于林默的法力。不幸的是，林默28岁那年冒着风险去海上救人时，溺水而亡。因为善良的林默生前常常帮助人们，死后又屡屡显灵救助遇难的渔民，人们为了纪念她，就尊称其为妈祖。善良的林默虽离开了人世，而以她为原型的妈祖形象却永远留在人们心中。渔民们寄希望于妈祖，纷纷建立了妈祖庙，祈祷妈祖保佑自己和亲人出海顺利。

海神——十四娘娘

陈十四，通常被称为十四娘娘。十四娘娘的信仰习俗有很多，如送船灯、五月十四寿诞节等，最出名的莫属“夫人戏”和“夫人词”了。每年祭祀时节，人们杀鸡洒血染满祭台，演出夫人戏时，要挂上十四娘娘的像，点香烧纸表达敬意。“夫人词”得请鼓词艺人演唱，在一旁的虔诚老婆婆会双手合十，敬酒上烛。供祭仪式的供桌上会摆一盏五方灯和一盏七星灯以及秤锤来表示对陈靖姑的尊敬。宋元明清时有大量闽南人为避免倭匪迁到浙江一带，他们把对陈十四的信仰也带到洞头、玉环等地。海岛上自古以来就有海怪蛇妖传说，陈十四的到来无疑给盼望解救的人们带来希望。

渔家盛事妈祖节

在中国潮汕地区，仅南澳岛上就有18座妈祖庙，汕头市至今还保留着清朝时建立的妈祖庙。浙江东部地区的妈祖庙分布范围也十分广

福建湄洲朝天阁

泛。比如，宁波的甬东天后宫，据说为中国八大天后宫之一，占地面积5000平方米，用砖雕、石雕和朱金木雕像装饰，规模宏大，气势磅礴。它的特别之处在于，一个宫内有前后两个戏台供祭祀妈祖和庆典使用，这在国内外都是非常罕见的。象山最早的妈祖庙是东门岛的天后宫，它建筑雄伟，装饰精致。除此之外，在慈溪、奉化、镇海、宁海等地，均有规模和影响较大的妈祖庙。当然，说起妈祖宫的翘首，不得不提天津的天后宫。它是天津市现存最古老的妈祖祭祀庙宇，与福建湄洲朝天阁、台湾云林县北港朝天宫并称为中国三大妈祖庙。

尽管不同地方的祭祀活动各具特色，但人们都会不约而同地在三个节日举办盛大的祭祀活动，它们分别是妈祖元宵、妈祖诞辰、妈祖升天。每逢这些节日，组织好的仪仗队会抬着妈祖神像，围绕着妈祖庙宇进行游街。祭祀时，由祖庙的主持人带领大家献寿酒、寿面、寿桃，并行三跪九叩礼。渔民们杀鸡宰羊，人人送灯，庙堂里、沙滩上灯火辉煌，煞是壮观。潮汕地区，无论出海前还是安全返航后，人们都要带着祭品到妈祖庙答谢神恩。每逢妈祖“三节”，大家还会聘请乐班敲锣打鼓，

顿时，海上锣鼓震天，一派热闹景象。

庙会是湄洲人非常重视的妈祖祭祀活动，每年都会吸引众多海内外信众前来参加。每年元宵节，湄洲人民会举行第一次庙会，亲朋好友纷纷聚到一起，大家抬起妈祖像巡游全岛，十分热闹；第二次庙会是在妈祖诞辰纪念日，这次庙会最吸引人眼球的是妈祖祭典；第三次庙会在妈祖升天日举办，根据传统，妈祖升天日要举行秋季祭典。湄洲妈祖庙会还有众多极具地方民俗特色的民间节目，如古老的莆仙戏、木偶戏，还有歌舞表演等。

中国台湾地区的人们对妈祖的尊崇也很赤忱。随着大量的闽籍人先后迁居台湾地区，妈祖信仰也在台湾地区生根。如今，许多渔村、港口或市街都可看到妈祖庙。有趣的是，在“迎妈祖”的祭祀活动中，台湾地区的习俗比较独特。每年的农历三月二十三前后，台湾地区居民会去地域层级高一级的地方迎妈祖神像，他们的这个“迎”可不同于大陆用车推或步辇抬，他们用轿子抬妈祖像。将妈祖神像请出来后，人们会沿着周围的村庄，依次进行游街。这些活动带火了台湾地区的曲艺馆和武馆，在他们的“渲染”下，台湾地区妈祖祭祀活动越来越火热。

华人去处有妈祖

妈祖信仰兴起于福建一带。在唐代，运河、海路的开通使得妈祖

台湾的妈祖祭祀活动

信仰向四方扩散，流传到各地，从而促进了中国大陆与台湾地区，以及中国与东南亚等国家和地区的文化交流，这对于发展现代旅游业等都起到了非常重要的促进作用。随着潮汕人大批移居东南亚，移民把妈祖信仰也带到了移居地，现在泰国、新加坡等地都建立了很多妈祖庙。马来西亚有35座天后宫，香火一直十分旺盛；1985年竣工的吉隆坡天后宫，富丽堂皇，气势非凡。而今，随着时代的发展，交通技术也越来越发达，华人遍布世界各地，妈祖文化也随之渐渐影响到世界每个角落。目前全世界有妈祖庙5000多座，妈祖信众有2亿多人。2006年6月，中国国务院公布了第一批国家非物质文化遗产名录，福建湄洲“妈祖祭典”榜上有名。2009年9月，“妈祖信俗”申报世界非物质文化遗产名录获得成功，使中国首个信俗类非物质文化遗产项目成为世界级文化遗产。这不仅是对妈祖文化价值的肯定，也是全国乃至世界华人都无比自豪的喜事！

人海新和谐——海洋运动与旅游

水上运动要比潜水娱乐简便，

冲浪运动

但水上运动给人类带来的愉悦、畅快与潜水娱乐可以相提并论，其惊险程度也可与潜水娱乐相媲美。

帆板运动是一个新兴的水上运动项目，运动员站在一块近似船形的板上，双臂操纵通过桅杆、帆杆、万向接头同板体连在一起的一面帆，利用风帆产生的动力，使板体在水面上滑行前进。帆板运动具有帆船、冲浪、滑水运动的特点，能增强臂力、腹背力和腰腿部力量，锻炼身体的平衡能力和灵敏性，并能锻炼意志，培养勇敢精神，是一项非常有益的体育活动。

冲浪运动起源于夏威夷岛，并很快发展到世界各地。其原理是利用海浪的升力，在浪峰上站起，顺着浪峰滑下去，然后在浪谷转体，利用惯性滑上浪腰，周而复始。

冲浪技术都有哪些

要成为出色的冲浪运动员是要经过艰苦磨炼的。冲浪技术动作繁多，仅浪上转体就有13种。比赛时，裁判根据运动员所选择的浪和动作的难易，分别按独创性、惊险性、技术动作、艺术连贯性和浪的等级评分。冲浪运动的器材极为简单，只需要一块中间填有泡沫材料的玻璃纤维制成的冲浪板即可。冲浪板要求类似船形，板底有一两个鳍状尾舵。每块冲浪板尾部都有一节绳索，这是用来系运动员的踝关节的，一旦运动员落水，可以很快把冲浪板拉回来，重新开始。

到水下观看海底奇妙的世界，是人类的一大乐事。

1988年，日本青函海底隧道的两座海底火车站于3月13日正式通车。

青函隧道全长53.86千米，整条隧道在离海面100多米的海底深处，火车仅需运行56分钟。

海底隧道建成了，人们从海底穿过，又产生了奇妙的想法：能不能一边乘车一边看海底世界？因为隧道跟在陆地上一样，对海底世界还是一无所见，人们希望乘车过隧

海底电车

旅游潜艇

道就像过桥一样，很清楚地看到海底世界。

北海道铁道公司投其所好，他们向人们展示了这一计划，并提出申请，决定实施这一计划。根据这一计划，他们在隧道中设立了两个海底观光车站，一个叫作“吉岗”海底车站，一个叫作“龙飞”火车站。这两个站都在水面以下140米深处，往来于青森与函馆之间的快速列车，有部分车次在这两个车站停车，让人们饱览海底世界。

法国的海洋开发委员会也于后来提出了一项海底旅游设施建设计划，他们准备在马赛海湾内修建一座海底公园，新设计的海底电车安装在海底公园内，让人们乘车看海洋。

海底电车和潜水舱用途极为广泛，特别是在开展旅游娱乐业方面，有着极高的经济效益和娱乐价值。据说，这种海底电车是目前已知民用潜水器中体积最大、性能最好的一种。它主要由四个部分组成，一条修建在海床上的水泥混凝土管道车轨；一辆电动推进滑车；一个用玻璃钢管制成的长圆柱形车厢；一个岸边的漂浮进出口装置。为了便于旅游者观赏，海底电车路线要选择光线好、能见度高的沿岸水域。海底电车要求安全度极高，以保证观赏者的安全。万一出现意外，驾驶员可随时按下电钮，使电车脱离轨道，像潜艇一样浮出水面。

为了让旅游者产生某种遐想，舱内设有小吃和文娱节目，人们可以一边观看舱外景色，一边享受美味佳肴。

这种海底旅游新设施的应用，将使普通人有机会领略海底自然奇

观，再也不会“望洋兴叹”了。

还有一种可以较随便地出入海洋的旅游潜艇，它不受轨道的影响，像潜艇一样进入海域。这种旅游潜艇用很厚的透明玻璃做舱底和窗户。人们不用沾水就可以看到周围的海底景观。澳大利亚东北部海滨的大堡礁，就有这种旅游潜艇。大堡礁过去是一座珊瑚岛，20 世纪 70 年代以后，才得到异常迅猛的发展。1979 年以后，正式开辟了“大堡礁海洋公园”，使其一跃成为海上乐园。如今，岛上设置了机场、港口，旅游潜艇就是海上乐园的一种旅游新设施。

以上说的这些旅游新设施，规模都不算宏伟壮观，令人们惊叹不已的是美国迪士尼的“世界第六大洋”。

位于美国佛罗里达州奥兰多市的爱泼考特中心的“活海”，是迪士尼世界的一座新的旅游胜地，迪士尼把它称为“世界第六大洋”。

“世界第六大洋”的设想是基姆·莫菲最先提出来的。1975 年，当时还是一位海洋科学咨询顾问的莫菲先生与迪士尼组织第一次打交道。那时，莫菲没有很好地与之合作，他的理想是与海洋打交道，因为他从童年时起就非常热爱海洋。

一次偶然的机会，使这位海洋科学咨询顾问成为受人们欢迎的人

水族馆

物。哥伦比亚影业公司拍摄影片《大洋深处》时，莫菲被制片商特聘为顾问。这位顾问的任务比较复杂，要创造一个不受天气影响的水下摄影环境。莫菲不负众望，在百慕大的一个岩石和珊瑚礁形成的小岛上建造了一个巨型水族馆，使《大洋深处》得以顺利完成。

迪士尼乐园的人们给水族馆赋予了“活海”的使命。在乐园等候区内，有一个表现人类探索海洋的陈列馆。之后是小剧院，在这个剧院里可以看一部人类探测海洋最深处奥妙的短片。

迪士尼乐园是目前世界上最壮观的海底观光点，其设备和建筑都是极为引人入胜的。当乘坐蓝色的“海中客车”通过巨大的丙烯树脂玻璃窗口时，人们就看到了奇妙无比的珊瑚礁和各类水族。在海洋基地的中央大厅，就会看到一座透明的两层密闭舱，在40秒钟之内，这个密闭舱内就会注满海水，潜水员还可以通过气密舱与游人交谈。中央大厅向外延伸出6个厅，以表现“活海”的各个侧面，进入这个“活海”,就如同到了退潮后的小岛一样，鱼、虾、海星举目可见。

对人类的朋友海豚的训练更令人们赞叹，海豚可以与狗追逐，并在关上灯或听音乐时，发出一声声的“语言”。观看海豚表演可以在水上，也可以在水下。“活海”里还有一个餐厅，供给人们的食物全是海产品。

这个乐园是迪士尼组织最引以为荣的,他们对拥有的这个“艺术品”非常自豪，并把自己的旅游潜艇誉为“潜艇舰队规模在世界位列第八”。

什么是“水下轿车”

“水下轿车”也是一种到水下观光的设备。美国的彼里海洋公司在20世纪90年代初研究制成了一种小型的水中运行器。当然，这种“水下轿车”与潜艇原理是相同的，只不过它的外形结构像轿车，窗子是厚厚的透明玻璃，有耐压的性能。“水下轿车”呈流线型，长、宽、高与小轿车基本一样，座舱内有动力装置和操纵系统，还备有照明、通信和水下摄影等设备。其行驶起来也与陆地上跑的小轿车一样，可缓可快，没有轨道，不受约束。在“轿车”里可以像在陆地乘坐轿车一样，透过窗子观看外面的景色，瑰丽的珊瑚和奇特的水族世界可尽收眼底，乘坐“水下轿车”搞科研、旅游、摄影，被认为是最轻便、最有效、最开心的一件事。

人类到水下观光的设备与人类的要求还差相当大的距离，其普及程度也很有限，既然已经出现了各式各样的设备，就不愁发展了，这类事业将随着科技的发展，逐渐满足人类的要求。

相信人类到水下观光旅游的愿望，会很快实现。

空间上的分享——海上工厂

海上工厂是建设在海洋上的生产工厂。工厂的生产设备安装在海上建筑物中，工厂一般具有漂浮能力，可以在水上漂浮，用于开发海洋资源。海上工厂的出现是开发、利用海洋空间资源的结果，也是海洋工程发展的产物。

海上工厂有多种类型，世界各地出现了多种多样的海上工厂。按照构造特点，可以分为两大类：一类是浮动式海上工厂；另一类是搁置式海上工厂。

浮动式海上工厂可以在海上漂浮，它可以在陆上船厂建造，建造完毕后由拖轮拖运至需要海域锚泊在那里进行定位；也可以建造栈桥，连接陆岸。现在世界各地出现的海上工厂，大部分便是这种浮动式海上工厂。巴西于1979年建成的水上纸浆厂和水上发电厂便是一种浮动式海上工厂。纸浆厂和发电厂都高达四五十米，

海上平台

分别建在220米长的船上，两船各自重3万多吨。这两座海上工厂由日本造船厂建造，建成后，跨越东海、印度洋，绕过好望角，横渡大西洋，航程2.5万千米，历时3个月才到达目的地。人们把这种能漂洋过海的海上工厂称为“海运预制厂”。这种“海运预制厂”在陆地工厂建造，建成后远涉重洋，在海上安置。

搁置式海上工厂又称着底式海上工厂，可以搁置在海上，着落在海底。如海上固定采油平台及海上电站，就搁置在海底，搁置后无法再转移，直至报废。

按照用途不同，海上工厂又可分为重工业生产厂、石油开采及石油制品工厂、海洋能源工厂、海产品加工厂、海水淡化厂、海上废弃物处理厂等。

海上工厂与陆上工厂相比具有以下优点：不占陆地面积，不占用陆上耕地，可以充分利用海洋空间；工厂建造管理方便，可以异地预先建造，建成后再拖运至预定海域安装，建造费用低；可以就地加工原料，就地开发海洋资源，提高生产效率；可避免及减少对环境的污染。

由于海上工厂具有上述优点，因而海上工厂像雨后春笋一样在世界各地出现。日本是最早发展海上工厂的国家，从20世纪70年代以来，建造过矿山冶炼、海水淡化、波力发电、垃圾处理等用途的水上工厂。日本充分利用其发达的造船业，在造船工厂预制各种用途的海上工厂。

半潜式钻井平台

你知道吗

日本为什么要建造人工“小海洋”

日本科学技术厅正在日本青赤县上北郡六所村建造人工“小海洋”，以模拟海洋物质的自然循环。其正式名称为“生态圈物质实验模拟设施”。“小海洋”将由再现海洋表层的海水池和两个大圆桶组成。在设计上，将给圆桶施加压力，造成和水深100

米和几百米以下深海同样的环境；然后在水池内放入小型鱼、海洋生物和浮游生物，并使这些生物群间形成物质循环。建造这样的“小海洋”在世界上是首次，其目的是调查放射性物质在海洋中如何循环以及这种循环对生物的影响。日本科学厅希望这一设施建成后，能为调查俄罗斯向日本海投放的核废弃物所产生的影响发挥作用。同时，这又将是一个新的旅游胜地。

美国在新泽西州岸外18千米的海上，建造了一个海上发电厂，发电能力达11.5万千瓦。美国夏威夷大学研制了一个海上火力发电厂，发电能力达5万千瓦。美国还计划在墨西哥湾、大西洋东北部等海域，建造几个海上石油加工厂，每个海上石油工厂面积为8平方千米。美

海上石油平台

国于1979年在夏威夷近海建成一座船型平台式海水温差发电厂，还建造了以采矿船为平台的大型海上温差发电厂，发电能力为1000千瓦。

新加坡国土面积小，特别重视海洋空间的开发与利用。新加坡建造的海水淡化工厂是一种多功能浮体式海水淡化工厂，与普通海水淡化工厂相比，具有经济效益高、耗能低的优点，大有发展前途。新加坡有一个农场主，利用一艘报废的远洋货船改装成一个海上浮动奶牛场，饲养奶牛600余头。奶牛的饲料是海藻；奶牛的粪便和船上垃圾用来生产沼气进行发电。

我国建设海上工厂的进程刚起步，建设在渤海的张巨河人工岛，具有勘探、开发、海上救助的功能。其直径60米，可布50多口油井，也可作为海上石油生产工厂。随着海洋开发事业的发展，海上工厂也将会在我国海洋上出现。

献给海洋的盛会——海洋节日

一说起海洋节日，人们脑中往往会浮现出这样的画面：在洋溢着节日气氛的海湾和沙滩上，湿润的空气中充溢着咸咸的味道，海风轻拂，人们兴高采烈，开怀畅饮，纵

海神节祭祀活动

情歌舞。这是海洋赋予人们的盛会，是他们独一无二的庆典。

海洋节日风俗的丰富与流行，是一个漫长的发展过程。通常，最早的海洋节日活动和原始崇拜相关联，一些富有传奇色彩的神话故事更为其增添了几分神秘和浪漫。比如，巴西的海神节，就是为了表达对伊曼雅海神的崇拜，每年都要举行相应的祭祀活动和典礼，祈求她保佑渔民的安全和丰收。有些海洋节日反映的是宗教信仰对沿海居民生产、生活带来的影响。还有一些历史人物或重大事件也被赋予了永恒的纪念意义而渗入节日当中，比如，荷兰的风车节以及美国的海运节。

海洋节，原来作为一种对大海崇拜和热爱的表现方式，如今被赋予了更多内涵，它不再只属于沿海渔民，而是整个国家乃至整个世界的盛会。通过举行大大小小的关于海洋节日的聚会和活动，让人们更多地了解海洋、走近海洋、热爱海洋，把海洋作为人类的家园去共同建设和保护。海洋节日渗透着深厚的文化底蕴，精彩浪漫，雅俗共赏。它们有着很强的凝聚力和广泛的包

容性，是人类宝贵的精神文化遗产。

1. 青岛国际海洋节

美丽的海滨城市——青岛，自古以来便与大海有着深厚的渊源。青岛的历史，正是在海风吹拂与海浪的陪伴下形成的。青岛沿海而建，因海而兴旺发展。有了海，才有了今天红瓦绿树、碧海蓝天的浑然一体；有了海才出现了今日青岛的海洋经济、旅游经济与港口经济。大海赋予了青岛人积极创新、诚信进取、文明自强的广阔胸襟。

为了表达青岛人民对大海的热爱和无限深情，为了人民亲近海洋、崇尚自然、憧憬未来的真挚愿望，青岛市从 1999 年开始举办青岛国际海洋节——目前中国唯一一个以海洋为主题的节日。青岛国际海洋节每年 7 月举办，活动内容丰富多彩，有开幕式、海洋经济、海洋人文、海洋科技、海洋文化、海洋美食等几大版块数十种活动。青岛国际海洋节无疑是七月青岛最亮丽的风景线。

青岛国际海洋节举办之初，就将主题定为“拥抱海洋世纪，共铸蓝色辉煌”，并以保护海洋、合理开发利用海洋资源和实现人类经济与社会可持续发展为目标，在倡导科技创新、发展海洋经济和国际友好合作等方面做出了不懈的努力。

21 世纪是海洋的世纪，对海洋资源的有效开发和认真保护都是社

中国青岛海洋节

会发展中的重大课题。海洋节的建立也恰恰反映了中国对海洋可持续发展的高度重视。

青岛国际海洋节以大海的胸怀、夏日的妩媚和浪漫的风情热烈欢迎海内外宾客的光临。

2. 美国鱿鱼节

美国蒙特利市，因邻近的海域盛产鱿鱼,加之鱿鱼美食誉满海外，被誉为“鱿鱼之都”。每当鱿鱼上市最多的秋季，这里都要举行“鱿鱼节”：与鱿鱼有关的丰富多彩的活动，商店和摊点出售有关鱿鱼的工艺品及印有鱿鱼图案的衬衣，五花八门的鱿鱼菜——茄汁鱿鱼、串烤鱿鱼、腌鱿鱼、醋泡鱿鱼、油煎鱿鱼以及充满泰国、日本、中东和南美风味的各种“鱿鱼菜谱”吸引着众多游客。晚上，宾主一起高唱着“鱿鱼之歌”，将节日的气氛推向高潮。

3. 山东荣成国际渔民节

位于中国胶东半岛最东端的荣成市，三面环海，海岸线长达500千米，水质肥沃，资源丰腴。这里的渔民有过渔民节的传统，据说，这一节日来自二十四节气中的“谷雨”。“谷雨百鱼上岸”，这是渔民们每年最期盼的时刻，所以他们把“谷雨”这一天当成自己的节日。

每年一到“谷雨”，以捕鱼为生的渔民经过一冬天的休整，开始忙碌起来。捕鱼、钓鱼、赶海……新一年的海上生产开始了。为了祈求海神赐予他们大丰收，使鱼虾天天满舱，同时保佑他们出海平安、一帆风顺，渔民便会在渔民节这一天举行各式各样的活动来庆祝和祈福。

渔民迎着朝霞捕鱼

随着时代的发展，特别是改革开放以来，渔民的物质生活日益殷实富足，文化修养逐步提高。新时期的渔民将新文化、新观念、新思想渗透进“谷雨”节中，古老的传统节日被赋予了现代气息。现在，荣成渔民过“谷雨”节，已不仅仅是沿袭过去古老的祭神风俗，而是开展多种文化和经济贸易活动，振奋精神，促进地方经济的发展。为顺应广大渔民心愿、弘扬民族文化，荣成市政府从1991年起开始举办荣成国际渔民节。

荣成国际渔民节从最早的每年一次改为后来的每三年举办一次，以渔民为主体，以渔村文化为主要内容，举办各种海上运动项目、大型民俗观光旅游活动、经济技术贸易洽谈会和海洋渔业博览会等一系列活动。中外宾客与渔民同饮同庆，同舞同乐。每年渔民节都有近万名中外来宾和10万名当地群众参加，渔民节以增进国内外文化交流、发展经济、促进开放、共同繁荣为宗旨，它不仅是渔民自己的节日，更成为中国海文化的盛会，是中外交流的纽带和桥梁，赢得了中外宾客的高度赞誉。

4. 男孩的狂欢：瑞典小龙虾节

在瑞典，有一个传统节日——瑞典小男孩每年最期待的小龙虾节，也被称为小男孩节。

每年8月7日，小龙虾节正式拉开帷幕。在这天晚上，趁着朦胧的夜色，各家各户的男人都会带着自家的小男孩乘船到海里去捕捞龙虾。男孩们迫不及待地用事先准备好的灯笼引诱小龙虾上钩。小龙虾特别喜欢光亮，一见光就会争先恐后地拼命向光亮处游去，根本想不到眼前所面临的危险。兴奋的小男孩就这样一只又一只地钓上活蹦乱跳的小龙虾，并把它们带回去作为自己智慧和勇气的象征展示给大家。大人希望通过这种活动，培养孩子吃苦耐劳、坚韧不拔的品质。所以，无论大人还是小孩都希望满载而归。在他们眼里，这标志着小男孩在这一年里都会聪明好学，并有好运气常伴左右。

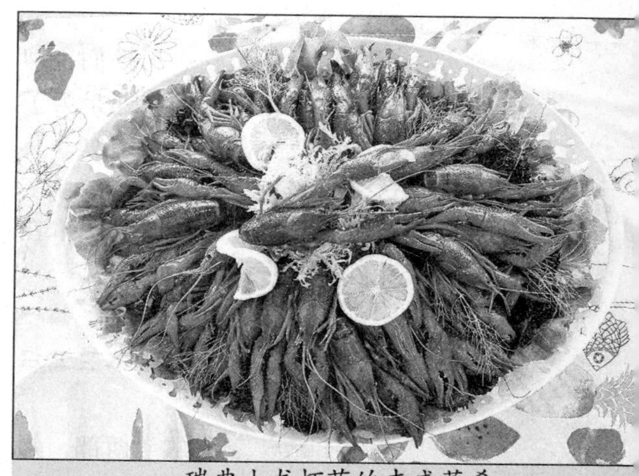

瑞典小龙虾节的丰盛菜肴

在小龙虾节期间，一定还要举行“小龙虾晚会”。作为晚会的吉祥物，小龙虾自然必不可少。大家纷纷戴上为节日特制的围裙，在室内铺上带有花边的桌布，使用色彩绚丽、五彩缤纷的餐纸，再点上红彤彤的龙虾形状的大灯笼。在这欢快的气氛中，人们围坐在餐桌前一边品尝小龙虾，一边喝酒，同时对小男孩的勇气给予赞扬和肯定。第二天大人们会赠送给小男孩礼物，希望他们健康成长。

据说，20世纪初，由于瑞典的小龙虾面临被过度捕捞的危机，政府便出台了一些限制政策，人们只有在每年8月才被允许捕捞小龙虾。正因为要经过长久的等待才能尝到如此的美食，且一年只有一次，人们觉得应该在此时庆祝一下，小龙虾节就这样应运而生了。

不管是为了鼓励小男孩们，抑或是为了庆祝生产丰收，还是为了纪念这一年仅一次的龙虾盛宴，其实，这个节日已成为一种传统、一种文化、一种标志，让人们团聚在一起分享美食和快乐。

5. “蚝”门盛宴：爱尔兰戈尔韦国际牡蛎节

戈尔韦市位于爱尔兰西部，是戈尔韦郡首府，也是爱尔兰第四大城市。戈尔韦市以郊外的优美风光、离岛的传统文化而闻名，更因盛产一种欧陆扁牡蛎而闻名于世。此牡蛎生长在大西洋岸边，带有浓郁的海水味，口感嫩滑鲜美。每年9月底至第二年的1月初是牡蛎收获的季节，当地居民以出产牡蛎而自豪，每年都会举办牡蛎节庆祝丰收，全城狂欢。

牡蛎美食

牡蛎节是怎么来的

据说，牡蛎节源于市中心一间平平无奇的酒店。这间酒店的经理布莱恩·科林为了挽救9月偏低的入住率，决定弄出点噱头，于是就在牡蛎开始收获的第1个月举办牡蛎节吸引游客，结果旅客爆满。自此以后，牡蛎节每年都在戈尔韦举行，并由一个小型的酒店活动渐渐演变为全市同欢的大型派对，后来更演变成为著名的国际牡蛎节。

牡蛎节为期三天，最主要的活动是两项开牡蛎比赛：爱尔兰开牡蛎大赛和国际开牡蛎大赛；其他活动有牡蛎小姐选美比赛和狂欢嘉年华等。首先要在它诞生的那家酒店举行牡蛎节开节仪式。在市民的欢呼声中，漂亮的“牡蛎小姐”为戈尔韦市市长送上本季第一只牡蛎，市长在众人面前一口把牡蛎吃掉之后，牡蛎节便正式开始。爱尔兰开

牡蛎大赛是每年牡蛎节的第一个高潮。爱尔兰盛产牡蛎，人们也爱吃牡蛎，所以几乎每间餐厅都有开牡蛎的高手。比赛期间，对来自爱尔兰全国各地的参赛者，主持人像解说足球比赛一样评述每个人的表现与进度，而台下的观众们则一边喝着爱尔兰啤酒，一边欢呼呐喊，热闹非凡，胜出者将代表爱尔兰参加两天后举行的国际开牡蛎大赛。主办单位将邀请世界各地的开牡蛎高手来此比赛，将开牡蛎技巧化身为表演艺术。想要得到国际开牡蛎大赛的参赛资格，首先要获得一家餐厅的推荐，再在自己国家的初赛中脱颖而出，这样才可以到戈尔韦与各国高手一较高下。专门为开牡蛎大赛搭建的帐篷位于戈尔韦的海滨，到场人士除了观看紧张刺激的比赛之外，场内亦有一个大型派对，黑啤、海鲜拼盘等食物足以让宾客大饱口福。除了比赛，帐篷内一整天歌舞不停，不少爱尔兰人更会盛装赴会，希望能夺得“最佳衣着奖”。

这个创办于1954年，至今已举办近60届的戈尔韦国际牡蛎节在2000年被《星期日泰晤士报》誉为全球十二大盛事之一，每年都有数万名游客为此前来。现如今，“牡蛎节”的概念得到了世界各国牡蛎产地和业内人士的共识，很多国家的牡蛎产地为了当地牡蛎产业的发展筹办各式各样的牡蛎节。但开始最早、持续时间最长、最富传统特色、最具国际影响力的牡蛎节仍然非戈尔韦国际牡蛎节莫属。

水城盛事：威尼斯赛船节

意大利水城威尼斯以其风光绮丽的海岛、造型别致的拱桥、以步代车的街巷、纵横交错的河道和水面上摇摆着的“贡多拉”，令世人赞叹不已。每年9月第一个星期日举行的赛船节更为古老的城市锦上添花，使这颗水上明珠放射出更加璀璨夺目的光彩。

威尼斯赛船节场景

威尼斯的赛船节在意大利可谓家喻户晓。这个节日有1000多年的历史，是威尼斯人最喜爱的节日，也是世界上最壮观的划船比赛，当地人称之为“雷加塔”。其起源既和当时人们的日常生活有关，如青年渔民时常在大运河上追逐、嬉戏或比赛；也与发生过的一些重大历史事件有着密切关联，如新执政官或新教皇产生后都要举行的盛大庆祝活动。

1177年，教皇亚历山大三世为感谢威尼斯人平息蛮人侵犯向威尼斯执政官赠送戒指，象征威尼斯子孙万代对大海拥有主权。为庆祝这一胜利，执政官每年都要举行仪式，把戒指扔进大海，表示与大海永久亲密的关系。届时执政官从圣马可广场登上大型画舫“普庆陀螺”，前往公海，在丽都岛附近停泊。几千条彩船护卫着画舫，彩旗高悬，气势宏伟。执政官把预先准备好的金戒指投向大海，祈祷大海保佑共和国的平安；也有一些贵妇人投戒指时许下个人的心愿。返航后，全城举行盛大宴会。每当人们看到赛船节活动所表现出的戏剧性场面、隆重的仪式、五彩缤纷的船队和各种历史人物的再现，仿佛回到了遥远的年代，再度领略古老威尼斯人的文明生活。

五彩缤纷的船队

比赛时，赛船通常先集中在大运河，然后进入小运河赛区。两岸观众欢声雷动，群情激昂。比赛结束时，按名次发给红、蓝、绿、黄四面旗，并象征性地奖励一头小猪。

在17世纪有一位威尼斯诗人曾这样描绘赛船的情景：“自古以来，世界上没有一个节日像赛船节那样美丽而辉煌。啊，威尼斯！你让人民、帝王、达官贵人、艺术家融汇在一起，让悲痛、嫉妒和往日的傲慢弃置一旁。在晚霞留下最后的一线光芒的照耀下，在海水的扑打声中，人群继续挥动着彩旗，表现出从未有过的兴奋。”

与海洋动物的和谐——向海豚学习

海豚是一种惹人喜爱的海洋哺乳动物，很愿意和人交往，在海里从不伤害人，相反还能帮人驱赶噬人的鲨鱼，难怪有人把海豚看成是

镇海蛟。海豚喜欢成群结队地在海面附近跳跃着向前游动，看到有船开过就游过来与船比赛，非超过不可。海豚又是海洋动物园里的明星，会表演很多杂技动作。海豚是除了人以外最聪明的动物，脑子的容量和人差不多，比猩猩大得多。人可以向海豚学习的地方很多。游泳运动中的蝶泳就是模仿海豚跃出水面的姿势。更值得仿效的是海豚有在海水中靠声音探测目标、寻找食物、导航定位和进行联系的本领。人们以海豚为师，研制出了利用水下声波探测水中目标的仪器——声呐。

海豚

原来声波有个很可贵的性质，它在海水中衰减慢，能向远方传播。我们知道电磁波和光波是在大气和真空中传播信息的主要媒介，可是海水对它们吸收得太厉害了，传不出几十米就消耗完了。然而海水对声波却网开一面，吸收得不那么厉害。在海水温度均匀的正常条件下，几十千赫频率的声波能够传到几海里到几十海里远（1 海里 = 1.83 千米），如果用更低频率的声波，还能传得更远。空气中平均声速为 330 米 / 秒，海水中的声速要高得多，达到 1500 米 / 秒。这只是个平均值。如果海水温度升高、盐度增加、深度增加时，还会使声速提高。在这三个要素中，声速对海水温度的变化最敏感，而海水盐度的变化本来就不大。温度从海面到海底的变化对于声学是非常重要的，它决定了声波传播的距离。因为温度、盐度和深度这三个要素的重要性特别大，所以专门研制了精确地自动测量它们的仪器，简称为 CTD。在存在温跃层的深海大洋，温跃层也是声速最低层，由于声速的差异，在温跃层附近形成一个声道。如果在声道里发出声波，它就会沿着声道传播而不会散开。低频信号在声道里竟能传播到几千千米开外。利用这个特性，可以通过声道让声波载着信息传到几千千米以外。海洋学家利用这个奇妙的现象，在大洋深处以相隔几千千米的距离布设换能器，收听从一个声源发出的声音，像用 X 光分层透视人体一样，也能透视大洋里的温度变化、海流情况等。

声呐有很多用途，最早用于军

声呐

事上探测水下潜艇和水深，引导潜艇在水下航行。现在声呐的主要用途之一还是服务于海军。

声呐有几种

声呐有主动式和被动式两种。主动式声呐由换能器发出声波，在海中遇到目标，发生散射或者反射，目标的回波回到换能器并被接收。目标可能是集中的，也可能是分散的。根据声波从声源到目标来回的时间乘以声速就能得到距离是多少。被动式声呐本身不发射声波，只是用接收换能器听取海中某个能发出声音的目标发出的声波，判断目标的方向和距离。原理就是这么简单，实际上要达到良好的使用效果还有很多问题需要解决。为了达到一定的指标，发射的声信号需要足够强，一般都发射短促的声脉冲，声信号还可能相当复杂。用一个换能器也许不够好，为提高性能，还得用很多个换能器布成阵。用压电陶瓷换能器发不出非常强的低频声，这时要用炸药、气枪等爆炸声源来产生所需要的声波。

在海底需要定位的目标上布上隔一段时间会自动发出一个声脉冲的声信标，从它发出的信号就能找到它了。如果有3个布设在海底的声信标发出声脉冲，在船上接收，接收器到3个声信标的距离有差异，接收到3个声信标发出的信号的时间也有差异，根据这个差异可以算出3个目标相对于船的位置。反过来，海底只有1个目标，而船上在3个位置各放置一个接收器，也能计算出相对位置来。

用声呐还可以像电视一样看到海底物体的图像和水中目标的模样，能传递电话、电视和电报等信息。声传递的信号还可以控制和操纵水下的设备、工具和潜水器。

人们虽然研制出了许多种声呐，可是在很多方面并没有超过海豚。声呐的结构很复杂，大的有几吨重，很难装在船上使用，耗电也有几

百千瓦。而“海豚的声呐”只不过是头部的一小部分，可是用起来却是那么得心应手，使人造声呐望尘莫及。人们唯一可以引以为傲的，就是人造声呐有先进的显示、记录系统，可以传授给别人，而“海豚的声呐”只能自己用。

声探测是人们认识海洋的重要方法之一，特别是在水下探测方面，声探测更是人们认识海洋的唯一方法。

海洋文明的未来走向

既然海洋与人类文明的起源和发展有着密不可分的互动关系，海洋对人类文明的未来，也必然发挥它已经具有和必然具有的影响。“人类社会的进步将越来越寄希望于海洋。换句话说，未来文明的出路在于海洋。”对此，我们可以从以下几个方面来加以把握。

海洋——人类未来文明之路

第一，当代社会，人口爆炸、能源危机、环境恶化已经成为人类面对的三大突出难题。只有“重返海洋”,才是打开这三把大锁的钥匙。

什么是“重返海洋”

所谓“重返海洋”，就是说，尽管人类的生命从海洋中来，尽管自有人类以来，发展到今天，从总体上说并没有脱离海洋，但对海洋的重视和开发利用，在不同历史时期的不同民族、国家和地区那里，是被不同程度地忽视过、淡化过的。“人类社会到了今天，在陆地上的发展已经受到很大的制约。随着科学和技术的进步，人类寄希望于占地球面积71％，而且基本未被开发的最后疆土——海洋。”

据有关资料统计，目前世界人口每年净增可达7700万，即三四个澳大利亚的人口，或近一个德国的人口。世界人口如此增长下去，吃什么，穿什么，用什么，都令关心世界未来的人们感到头疼。其中像中国、印度这样的人口大国，更引起人们的关注甚至惊恐。难怪有些西方人看到中国人口问题的严重性后惊呼：中国这么多人，照此发展

下去，多少年以后谁来养活中国人？当然，中国人用不着别人来养活，但这不仅需要自尊心、决心和勇气，还需要扎扎实实的努力。

一方面，我们限制人口膨胀速度的政策和措施还需要进一步完善、落实；另一方面，我们这么多人吃什么、穿什么和用什么也即资源、能源开发利用问题一定要解决好。既要解决好目前所需，又要为将来的发展制定好可持续发展战略，留下可供持续发展的资源和环境余地。土地、山林、矿藏、湖泊、河流等，进一步开发利用的余地已经让人不寒而栗：土地的沙化和占用所导致的减少，山林的过度砍伐和消失，矿藏的过度开采尤其是浪费性粗开采，河流湖泊的严重污染所造成的对水产品的捕捞和养殖、粮蔬灌溉、人畜饮水等严重危害人类健康的灾难性影响，已经到了怎么估计都不过分的地步。在这种情况下，人类再不"重返海洋"，更待何时？出路何在？

第二，国际社会对海洋已经表现出了前所未有的热切关注，以至于将21世纪看作"海洋世纪"。

国际社会对海洋的关注，首先表现为世界性海洋权益观念的强化。比如各涉海国对领海权及毗连区法

景色迷人的湖泊

权、专属经济区管辖权、大陆架主权、海事法权的主张和要求，已经形成了被人戏称的“蓝色圈地运动”。《联合国海洋法公约》作为国际上大多相关国家业已承认和遵守的国际海洋基本大法，对大多数相关海洋国家来说，都大大强化了其在海洋上的权益，因而也就引发了国际上一系列新的海洋边界争端。日本和韩国的“独岛”（“竹岛”）之争，土耳其与希腊在爱琴海东部一系列岛屿归属问题上的对峙，东亚、东南亚一些国家在南中国海区域的海界分歧，都属此例。

日本抢占我国的钓鱼岛有什么目的

对本属于我国台湾岛东北部的小小的无人居住的钓鱼岛，日本何以不惜代价在岛上修建直升机场、进行巡逻监测、建筑灯塔、竖立太阳旗标牌，以图占为己有。显然日本看上的不仅仅是海中的那么几块石头和上面生长的数量不多的植物，而是一旦占为己有，根据《联合国海洋法公约》，它就可获得周围数千平方千米的管辖海域，就可获得其“管辖海域”的海洋资源开发权和占有权。

国际社会对海洋的关注，同时表现在由于海洋经济贸易在世界经济贸易中所占的比重越来越大，世界各相关国家，不仅包括沿海国家，而且也包括不少非沿海国家，都不得不重视争夺海洋经济贸易的优先权和控制权，以图在“海洋世纪”中不被甩在时代的后面。就连蒙古这样的非沿海国家，也在力求建立自己的出海通道，这很能说明问题。

国际社会对海洋的关注，还表现在越来越多的国家对海洋的军事防卫（同时也包括进攻）、资源勘探和环境监测等，投入力度越来越大。有关超级大国的海上军事竞赛，海上、海底、空间海洋勘探技术的开发，各相关国家在海洋科技诸领域的既联手又争斗的竞争发展，目的只有一个：为自己争得更多的海洋利益。

在我国，“海洋世纪”的理念也越来越广泛地得到认可，国家“海洋 863 计划”、《中国海洋 21 世纪议程》等的制定与实施，“蓝色国土”“海上山东”“海上辽宁”“海上苏东”“海上浙江”“海上福建”“海上广东”“海南海洋大省”以至“海上中国”等口号的相继提出并逐步得以勾画和建设，都说明在国际社会时代大潮中，我国海洋科学界、海洋管理部门、海洋经济界和各级政府决策部门，不甘落伍，决意奋起直追，重振我国海洋大国雄风，迎接海洋新世纪到来的雄心壮志和求实精神。

蓝色国土——海洋

第三，海洋高新技术的进一步发展，对人类未来文明的发展走向将起到越来越重要的作用。

海洋高新技术，目前正在研究开发的主要有这样一些领域：①水下探测技术，如水声技术、水下遥感遥控技术、水下通信技术等；②把人送入海中并提供生活工作条件的设施，如潜水器、水下运载器和水下居住舱等；③海洋资源开发技术，如海水淡化技术、化学资源开发技术、海洋能源开发技术、海洋生物开发技术、海底和深海矿物资源勘探开发技术等；④海洋空间开发与利用，包括把海上、海中和海底的空间用做交通、生产、贮藏、军事、居住和娱乐场所等，比如人工岛和海上城市的设计和兴造，海上工厂、海上机场的建设，海底隧道的开通等等。所有这些方面，很多已经成为现实，未来必然会开发应用得更多更广，必然会极大地影响甚至改变未来人类的生活与文明的样式，包括人类的生存空间和质量。

第四，与上述诸方面相辅相成的是，未来的海洋经济必然会进一步发展，蓝色浪潮必然会不断涌现，海洋对人类的贡献必然会不断加大。这将主要体现在，随着世界性知识经济时代的到来和科技创新体系的形成，海洋经济必然出现一些新的高科技产业部门和种类；同时，传统的海洋经济部门和领域，比如海洋渔业（包括捕捞和养殖）、海洋交通运输（包括海上航运和港口码头服务系统）等，都会有越来越大的发展。一些远洋渔场的开辟，近海的大规模立体的高值养殖，越来越多的国际航运中心的建立等，都是明显的现实例子。另外，海洋旅游业作为一种新兴产业，因人类对其审美的、娱乐的需求和消费能力

越来越大，也将越来越成为海洋经济的重要支柱之一。

第五，人与自然的和谐亲善意识、人类的海洋文化素质的进一步提高，必然会使人类在未来的海洋事业中真正走上以人为本、符合人类审美理想的可持续发展道路。

我国的海洋文明史

我国大陆东南两方都面临海洋，仅大陆海岸线就拥有1.8万多千米，再加上岛屿岸线就更可观了。可以说，我国人民自古以来就与海洋息息相关，很早就开始了与海洋打交道。我国在周口店山顶洞发现大量人类食剩的鱼骨，在西安半坡仰韶文化遗址发现鱼叉和鱼钩，就是我们祖先早期从事渔猎活动的见证。至于我国人民从事航运、制盐等活动，也有几千年的历史了。《史记》中就有“兴渔盐之利”的说法，这说明我国古代人民很早就认识了渔、盐业对发展经济的意义。到了汉魏时代，与日本的海上交通已有很大发展。自隋、唐以后， 开始了较大规模的海上对外贸易。我国在航海方面也有过光辉贡献，远在公元8世纪，就发明了船尾方向航，又在11世纪将我国发明的指南针首次用于航海，大大促进了航海事业的发展。我国杰出航海家郑和率领船队七次下西洋，遍及南洋群岛和印度洋沿岸诸国，直达非洲东岸，是世界航海史上的创举之一。

郑和七次下西洋的人数，每次都在2万人以上，每次出航船只总数都在50艘左右，大船船身长约147米，宽60米，载重150吨；小一点的船也长10米，宽50米，可挂12张帆，船上人员完全按军事编制。每当航船顺风顺流航行在大洋上，犹如万箭齐发，势不可挡，真可谓一个空前的浩浩荡荡的海上舰队。他们在外海的时间也很长，一般都在两年以上，第六次时间最短，也达一年半之久。七次出航之中，第一、二、三次及第六次都到达印度海岸。第四、五次，曾到过波斯湾、红海、阿拉伯沿岸及非洲东岸。在第七次航行中，他们穿过了印度洋和红海，沿非洲东岸前进，发现了马达加斯加岛，那里离好望角已经不远了。七次下西洋究竟到过多少个国家，众说不一，有人说到过59个国家。航行范围之广是空前的。

国内外海上航行的活动当然并非从郑和开始，但郑和下西洋计划之周密、组织之严、规模之大、次数之多、行程之远、范围之广、航行时间之久、贡献与影响之大，在当时都是无与伦比的。郑和第一次下西洋，比哥伦布的远渡大西洋、发现新大陆，比外国人发现非洲好望角，以及绕过好望角而到印度，都早了将近一个世纪，郑和的确是航海史上的第一个伟人。七下西洋是炎黄子孙在世界航海史上写下的光辉篇章。

我国人民很早就从事海洋研究工作。远在宋、元时代，就首创了“用长绳下钩，沉到海底取泥，或下铅锤，测量海水深浅的方法”。在航海和捕鱼作业时，把经过的海区、岛屿和海岸情况编绘成各种海图，用测水深、看底泥来定船位。另外，对港口修筑、滩涂利用、海岸保护等问题也都进行过长期的研究。我国人民的这些创造和经验，对于人类认识、开发和利用海洋，起了很大作用。只是由于封建统治阶级推行闭关政策，实行海禁，再加上帝国主义用炮舰侵略我国海疆、霸占我国领海，阻碍了我国的对外贸易和文化往来，阻止了我国的海洋调查研究，才使得我国的海洋事业停滞不前，而落后于海洋科学发达的国家。直到新中国成立后，我国海洋事业才得以迅速发展。

人类对海洋的探索

海洋给地球带来了生机，原始的海洋里就已孕育着生命。近几亿年进入显生宙以后，浅海生物已相当发达。后来，几经沧桑，诞生了人类。海洋给人类带来过幸福，也带来过灾难。它以无比丰富的宝藏和神秘莫测的景色吸引着人们。但是，在科学技术不发达的过去，人类为探索和认识海洋，遇到过严重的波折，付出了巨大的代价。

人类早期只是沿海滩采拾海贝，用简陋的工具探测海洋；以后又掌握了捕鱼和航海的技术；通过不断地实践和探索，现在人类已创立并掌握了一门系统的海洋科学。早在公元前800年以前，腓尼基人及希腊人对地中海已有了相当了解。公元前600年，已有人宣称地球是圆的。公元前400年，人类已经知道潮汐的起落与月亮的相位有密切关系。公元前250年，希腊人已准确地算出地球的周长，并能绘出当时人们心目中的世界地图。

15世纪的大航海运动，至今仍令人回味无穷。1405年至1433年，我国著名航海家郑和曾七次下西洋，到达非洲东海岸。1488年，葡萄牙人首次航至好望角，十年后，达加

玛海军上将绕过好望角，发现了通过印度洋的途径。1855年，美国海军莫里上尉，将横渡大西洋船只的航海日记资料加以分析整理，找出了洋流与气候间的关系，著有《海洋地理学》一书；他还收集了大量深海测深记录，于1854年公布了第一张大西洋深度图，为海洋物理与航海史立下了新的里程碑。

19世纪，海洋学研究获得了很大发展,不少国家开始了海洋探测。其中最著名的是1872年至1876年间，英国“挑战者号”调查船的环球航行。这次环球航行具有划时代的意义，它揭开了现代海洋科学技术的序幕。

“挑战者号”是一艘长69米，排水量2300吨，具有帆力与蒸汽航力的探测船。此次环球航行由北大西洋，经夏威夷群岛西部，由麦哲伦海峡回到大西洋，航程共计68890海里，设立了362个观测站，观测资料包括洋流、水温、天气、海水成分、海洋生物以及海底沉积物等。发现了4700多种海洋生物的新品种(平均于海上每日发现五种新品种，数量十分惊人)，并在马利亚纳海沟测得8180米的深度，这是当时所发现的最大深度，并首次在太平洋捞取了锰结核。“挑战者号”远航获得的资料，经过20多年的分析整理，由76位研究人员负责，

早期航海中的帆船

现代海洋探测船

编绘成一部有九卷的海洋巨著，共29500页3000条说明，标志着海洋学发展迈出了重要一步。

“挑战者号”的成就，促使荷兰、法国、挪威、丹麦、英国、苏联、德国等当时世界海洋先进国家纷纷派遣船只，从事有关海洋的科学调查，因而在海洋学史上出现了科学探险的竞争时代。许多国家开始了世界性的探测远航。1888年—1920年，美国的“信天翁号”探测东太平洋。1924年—1927年，德国的“流星号”探测船，对南大西洋进行了全面探测，在25个月内“流星号”横越大西洋10余次之多。首次使用电子测深仪来测量海洋深度，共计进行了70000多次的垂直测深，发现海底也像大陆一样崎岖不平，校正了“挑战者号”绘制的不够准确的海底地形图，收集了大量气象资料，并把探测结果汇编成一部16卷的调查报告。

在“流星号”探测远航后，海洋研究更为繁盛，很多重要的研究机构纷纷设立。美国为海洋探测而设计的研究船建造完成，1942年，发表了海洋学的重要参考书。第二次世界大战期间及其以后，海洋在军事上的作用及其对作战的影响，使各国对海洋科学研究的兴趣迅速增强。为适应潜艇作战的需要，一些国家加强对水下环境要素的研究，海洋深潜器曾在马里亚纳海沟下潜到10850米深处，核动力潜艇

“鹦鹉螺号”从北极冰层下穿过。人们为了能在海中居住，进行了大量研究，1964年，第一号实验室载有几名潜水人员，在水下59米处停留了11天；1965年第二号实验室有几组潜水人员，在63米深处停留了10天；第三号实验室，预备装载五组潜水人员，每组八人，在180米深处停留12天。从此，人们可以在海洋深处停留较长的时间。这就大大改变了以往海洋学只侧重水面现象研究的状况。这还可以说明，人类可以开拓全部海洋。然而，目前人类在征服海洋的道路上，仍存在着许多艰难险阻。1968年“天蝎号”失事就是一个典型的事例。为了克服开发利用海洋的困难，人类不断地研究、探索海洋的现象和规律。人类采用多种方式和先进技术，更加有目的、有计划、有组织地向海洋进军。

海洋科学技术的进步，使人们不断加深对海洋的了解与认识。海洋矿物和食用资源的新发现，尤其是海洋石油的发现与开采，把人们的注意力进一步引向海洋，从而推动了海洋科学技术与资源开发的发展。如何合理地开发、利用和保护海洋，已成为人类普遍关注的重大课题。海洋经济学和大洋环境保护学的产生，则是人类利用海洋在广度和深度上飞跃发展的标志。从20世纪中叶起，人们不仅继续加强传统的海运和渔业，而且朝着多方利用海洋的方向发展。至今，多种多样海洋矿物和生物资源的开发，海洋空间与能源的利用，以及相应需要的海洋科学技术设备的研制，已开始在沿岸和大陆架海域逐步展开，甚至出现向深海海底发展的趋向。然而令人难以相信的是：目前，人类已能在月球表面迈步，却尚无法在深海海床上插足。这一事实，是人类面临的一个极大挑战。展望未来海洋科学的发展，令人振奋，这必将加速人类向海洋进军的步伐。

海底是人类的未来家园

这里的四位青年科学家每天早上醒来，就看见阳光穿过穿梭来往的银灰色针鱼群射下来，闪烁不定。从塑胶圆窗孔望出去，见到黄色的鲷鱼在环绕他们那座海底屋的活珊瑚花园中觅食。吃过早餐后，背上潜水器从防鲨廊出去，进入安全潜游水域，与鲐鱼、琥珀鱼、青蓝的鲟鱼、各种鲜艳彩纹的雀鲷等邻居一同嬉水。

从1969年2月15日到4月15日，这四位美国科学家在海底生活、

美丽的海底世界

工作，前后共60天，一直没有浮出水面。这些“海洋人”是在进行一项海底生活实验，叫作“玻陨石一号”。这项实验据以取名的玻陨石，是在地球上发现的一种像玻璃的卵石，据说是陨星撞月球爆炸后，飞到地球来的碎片。玻陨石计划原是美国太空研究计划的一部分，像有些来历不明的太空物体会落在地球上的情形一样，“玻陨石一号”潜入了大海里。

玻陨石研究计划的海底屋，沉入维尔京群岛中圣约翰岛外的莱姆舒湾内。几位科学家住的是一所牢固的小型复式房屋，在约15米深的乳青色海水下，坐落离岸上百米的沙地上。围绕海底屋的1.83米珊瑚墙，长满了茂密的海洋生物，例如扇形珊瑚、柳珊瑚、鲜艳的海绵等，造成一座海底石山花园。墙外还有

更多珊瑚礁，不少高达 4 米多。几位科学家穿上蛙鞋拨水，潜过这些礁脊，便可以探索研究这片斜向海湾深处的平坡。

他们的海底屋是两个充满空气的圆筒形钢箱，各高 4.5 米，由一条爬行通道连接。承托钢箱的底座，用 87 吨铅镇在海底。整座房子漆成白色，引来不少海鱼不分日夜游到圆形窗口来窥望。

每个钢箱有两个房间。下层一个房间布置得很舒适，铺上地毯，四人在这里睡觉、吃喝、阅读、听录音音乐。上层一个房间算是桥楼，放满通讯装置和实验设备。另一个房间摆着变压器和调节空气系统的压缩机，还有一个保存食物的冷藏柜。(吃的主要是冷冻食品，但间或有新鲜果菜，放在密封的容器中从水面用绳索吊下来。)第四个房间是“湿室”，有个垂直的升降口直通出海区。房间里存放着水肺装备和潜水衣，科学家每次出海潜泳回来，也在这里用淡水冲洗身体，换干衣服。

海洋人居所与支援实验的驳船之间，有一条很粗的“脐带”相连，那是一束软管和电线。顺着脐带把淡水、空气、电力送到下边，保持

海底将成为人类未来的家园

通讯联络。

玻陨石实验组的组长是美国渔业局的海洋学家沃勒。组员有曼根与范德沃克，两人都是渔业局的生物学家；还有克利夫顿博士，是美国地质调查局的地质学家。四位年龄都是30多岁。

研究计划是美国海军部、内政部、国家航空暨太空总署，与通用电器公司联合主办。海底屋由通用电器公司设计建造，屋里设备也由该公司供应。这个计划的主要目的，是为将来的水底实验室研究计划制订一些指标。美国太空总署想借此观察长期关闭在细小而与外界半隔绝的居所中，人的行为有什么异状。那是作长期太空旅行的重要资料。

"玻陨石一号"的实验获得很多"饱和潜水"的知识。人在海中潜水，吸入了加压的空气或混合气体后，不论时间长短，都会使血液和身体组织饱含这些吸入的气体。压力越大吸收的气体越多。若潜到45.7米深处，使用氮和氧的混合气体(普通空气)对潜水人无害。更深而压力更大时，氮便有剧毒；中氮毒的初步征象是进入麻醉状态，称为"氮麻醉"。由于这座海底屋位于海底约15米深处，气压为大气压2.5倍的普通空气仍可作呼吸之用。

居住在海底的好处是，各人只需(住满2个月后)"脱饱和"一次，不必每次潜游后都做一次。这是由于他们海底屋空气的压力，保持与周围海水的压力相同。两个月后，脱饱和的过程是要海洋人在减压室中住上差不多一整天，慢慢恢复正常的大气压力。减压太快，溶在血中的压缩气体就会很快从溶解状态气化而"起泡"，引起痛楚甚至往往引起致命的病症，称为肢腹痛或潜水员病。

说来奇怪，这四位科学家呼吸着比正常空气重一倍多的气体，每天24小时，前后2个月之久，竟不觉吃力。玻陨石研究计划的医事组组长兰伯特森医生说："玻陨石计划中各种生物医学试验所得的重要结论是：各人在水底生活时，肺部、心脏、神经系统等都无重大变化。"

海洋人每天自己检查身体——脉搏、血压、心电图等等。夜里有电极记录他们的脑波，看看他们睡得好不好。同时，水面上的支援驳船上，一群医生和"行为监视者"坐在一大排闭路电视荧光屏与扩音器之前，昼夜不停地监视他们。(在日后各次玻陨石研究中，约有40位海洋人体验过海底生活，虽然其中一些受不了孤处海底与外界隔离的心理压力，但都没有显著的生理问题发生。海洋人进行实验时也曾出

过一件惨事，那就是 1969 年 2 月，“海洋实验室三号”的海洋人坎农在加州海边大陆架 183 米深处，中二氧化碳毒身亡。

玻陨石的科学家进行了各种观察和实验。举例来说，莱姆舒湾的海底沉积多是分解了的珊瑚和甲壳类动物遗骸。科学家就在小心画出方格子的图纸上研究沉积层的形成。依海洋人兼地质学家克利夫顿说，人们已知珊瑚礁产石油，也可能是石油蕴藏所在，所以在大陆架上进行研究工作的海洋人，也许有一天能有助于提供找寻石油与其他矿产的线索。

将来，养鱼和海产养殖工作，例如种植昆布、海草等海底植物，都会需要不少人在海中生活。因此，玻陨石的科学家研究海洋生物习性的同时，还对该地区的海洋物作了普遍的调查。

海洋人数出了好几十种鱼，最小的是 5 厘米长的鲑，最大的是 3.7 米的鲨。有时这些有鳍的朋友会动粗。生物学家曼根讲述，有一回在一个珊瑚礁脊之处遇到一群 20 多尾琥珀鍻，每尾都有 9~14 千克重。“它们一大队在黑暗中向我们游来，”他说，“队形那么紧密，就像是一条硕大无比的大鱼。”他的同事海洋学家沃勒补充说：“我猜它们是在表示该地是它们的领域，因为它们向我们的肩背各部位乱撞，要我们离开。最后我们遵命离去。”

那个海湾的海底设了五个小站，在遭遇巨鲨袭击时可以藏身。小站都是笼子模样的小亭，有塑胶圆顶，还有一瓶备用的空气和通往海底屋的电话。为了安全，离开居所时都二人同游。还有更好的安全措施：由支援的潜水人坐小船在海面上巡回，循着海洋人呼吸器喷出的成串气泡跟踪他们。

最积极的研究计划之一，是由范德沃克主持追踪龙虾。这是一种食用甲壳类动物。维尔京群岛的龙虾，因当地龙虾尾的销路好，近年来产量下降。海洋人捕到 140 只，把大多数都拴上标识，有些虾身上更绑上拇指大小的声呐发送机，这样可以追踪每一只在实验居所附近游动的龙虾。

范德沃克借声呐追踪装置获悉，龙虾是在夜间活动的。它们在夜里去到生满绿藻的浅海沙底上，大概是找寻贻贝、蛤，和未长成的大海螺；日间则多半躲在珊瑚中藏身，那里是它们的“旅舍”。但还有许多龙虾，日间在离研究人员居所数百米的外海岩穴中过活，可能是为了躲避鲨和别的天敌。

有什么实用的结论呢？“我以

为这一带的珊瑚礁可以养活更多的龙虾，”范德沃克说，“在这里不妨设一个孵化场，多养殖一些小龙虾，也许可以用低频声音的信号把鲨引离龙虾场，把它们杀死。”

玻陨石计划的研究对象中，有另一珊瑚住客是一种奇怪的“珊瑚虾”。这种约2厘米长的浅蓝色小虾栖居在海葵的毒须之间。“它们摇动触须，吸引来往鱼儿的注意，”曼根说，“鱼游来了，小虾便跃上鱼身，啄食外面的寄生物。它们洁净了鱼的鳞、鳍、鳃，甚至鱼身上创口的腐肉。”这种小虾显然不怕海葵螯,制药业的人会对它有兴趣。说不定小虾不怕螯的秘密，会使人研究出一种有医学价值的化学物品。

自从这回首次实验以后，在1970年以后还有另外五次海底生活实验，由四百多位科学家探究海中生活的情形。地点分别在波多黎各、大巴哈马群岛、马萨诸塞州格洛斯特波罗的海、圣克罗斯岛等地的海中。在人口过分拥挤的世界，谋求食料、矿藏、药物等新资源的需要越来越迫切。玻陨石计划的成就，已证明在世界上各处大陆架上的浅水地区进行广泛勘探是切实可行的。

第二章
和谐人海——“吃”的底线

古人云：海纳百川，有容乃大；壁立千仞，无欲则刚。每当需要形容人的惊人涵养或事物的巨大容量时，大海总会第一个被我们所提及。广阔的海洋给我们提供了丰富的食品和药物，我们也一直在向海洋索取着我们所需要的一切。但任何的利用和索取都是需要尺度的，当我们过度地消耗一切时，海洋环境问题也就随之出现了。

海洋产品知多少

海洋面积占地球表面积的71%，在这巨大浩瀚的海洋中，蕴藏着极其丰富的海洋生物资源。据科学家研究，海洋生物含有丰富的蛋白质、脂肪、矿物元素和维生素等营养素，因此，是21世纪人类的重要食物资源。但是，由于数量、捕获技术、食用习惯等方面的原因，也不是所有的海洋生物都能够作为人类食物资源。那么，作为人类食物资源的海产品主要有哪些呢？

从现状来看，作为人类食物资源的海产品主要是：大多数的海洋鱼类，比如带鱼、鲅鱼、鲳鱼、比目鱼、石首鱼、鲱鱼、沙丁鱼、鳗鱼、鳕鱼等；大多数的海洋贝类，比如牡蛎、贻贝、扇贝、蛤蜊、蛏、海螺、乌贼、章鱼、鱿鱼、鲍鱼等；海洋甲壳类，比如对虾、龙虾、蟹类等；海洋棘皮动物，比如海参、海胆等；海洋藻类，比如海带、紫菜、裙带菜等。另外，某些海洋腔肠动物如海蜇等也是人们经常食用的海产品。

海洋中蕴藏着丰富的海带

随着科学技术的发展和人类生活习惯的变化，许多原先没有作为食物的海产品，也将逐渐成为人类的食物资源。比如，南极磷虾以及大量的海洋菌藻类生物等，由于它们具有很高的营养价值、独特的生理活性和极高的蕴藏量，在不远的将来都可能成为人类餐桌上的美食佳肴。

海产品为什么叫海鲜

如果要问大家海产品在口味上有什么特点，你们会怎样回答呢？想必大多数人会回答鲜美、细嫩吧？生活在沿海地区的同学都知道，海产品在日常生活中经常被叫作“海鲜”，这充分说明了海产品的最突出特点就是鲜味。许多烹饪书籍也告诫人们在做海鲜菜时，最好是清蒸或水煮，而且不要放味精，免得破坏了它们自身的鲜味。

海产品为什么会有这样奇特的鲜味呢？这主要是由于海产品中含有较丰富的鲜味物质的缘故。科学家们指出，海产品中含有大量的游离谷氨酸、甘氨酸、琥珀酸、甜菜碱、次黄嘌呤核苷酸等具有鲜美味道的成分，所以，海产品食用起来要比其他的食品更为鲜美。这也是海产品为什么会被称作“海鲜”的原因。

许多人都喜欢食用丰富多彩的海产品，这是为什么呢？这是由海产品所具有的特点决定的。要说海产品的特点，首先就是它们含有十分丰富的营养成分。绝大多数海产品中含有大量的蛋白质、氨基酸、维生素、矿物质及脂质等，而且海产品所含的蛋白质很容易消化，平均消化率可以达到97%。海产品的蛋白质中还含有所有的必需氨基酸，特别是赖氨酸的含量极高，是优质蛋白质。海产品的第二个特点是肌肉柔软，汁液丰富，呈味成分多，使大多数海产品的口感甜嫩鲜脆，老少皆宜。海产品的第三个特点是含有大量的具有保健功能的物质，比如说牛磺酸、活性多糖、多烯脂肪酸类、生物碱类等物质的含量就很高。这些物质有的能起健脑益智作用，比如多烯脂肪酸类（也就是常说的脑黄金）；有的能起抗癌作用，比如活性多糖类；有的能降血压、降血糖，比如海藻多糖类；有的能提高我们机体的免疫功能，比如从贝类中提取的多糖。除了上面说的这些以外，海产品还能抗菌、抗病毒、预防心脑血管疾病、延缓衰老，可以说它是长寿食品了。

海洋生物中有很多珍贵的药材

根据统计，我国海洋海产品的总产量为2500多万吨。其中，产量较大的品种有带鱼、鳀鱼、小黄鱼、黄鱼等。年产居全国前列的省份有山东、广东、福建、辽宁等。全国年人均占有的海产品量为36千克。

从上面的统计数字来看，我国的海产品的人均占有量并不少。但是，在海产品的构成中，食用和经济价值高的品种占的份额较少，而且在逐年减少。这是必须引起高度重视的问题。

丰盛的粮仓和菜篮子

1. 藻类食物

据不完全统计，海洋中的藻类有近百种可供人类食用。

人类食用海藻的历史已经很久了。早在公元前2700年前，中国、日本、朝鲜等国已经有人食用食藻了。英国、法国、新西兰、澳大利亚等国食用海藻的历史也很长。

海藻含有丰富的营养，它们不仅含有许多蛋白质、脂肪和碳水化合物，而且还含有20多种维生素，

海藻丝

其中维生素 B_{12} 还是一般植物所没有的。藻类被人类称为是“第三种粮食资源”。

海藻还广泛地被用作饲料和肥料，甚至某些疗效显著的药材，也是来自海藻。

海藻有哪几类

海藻是海洋中的低等水生植物，可分成两大类：一类为水中浮游植物，主要是大量单细胞水生植物，以硅藻和绿藻为主，它们靠阳光和海水里的营养盐类生活。浮游植物是海洋里有机物的基本生产者，是一切海洋动物的“粮食仓库”。这些浮游植物除了含有某些维生素之外，还含有人体所需要的多种多样的营养物质。第二类为近岸大型水生植物，如海带、紫菜、裙带菜等。这些水生植物形成了一条围绕世界海洋的带子，在一定的宽度以内，有些地方的藻类一年会繁殖数百倍。

尽管目前人类所能利用的还只是其中很小的一部分，海藻的加工业还刚刚开始，但是，人类已把它们看作丰富的粮食资源，并正努力加以开发利用。

藻类对温度的适应能力很强，从 80℃到 200℃都有可以生长的种类，有的在 0℃以下也同样生长。在美国加利福尼亚沿岸生长的一种大叶藻，每天可长 50 厘米。褐藻是海中生长较快、个体粗大的藻类，个别红藻和绿藻生长也较快，特别是在温带和寒带的海洋中生长更繁茂，如同平坦的草原一样。有的藻类也和陆上的森林一样,生长茂密。

海藻的营养价值很高，据分析，海带是营养价值很高的大众化食品，含褐藻酸 24.3％、粗蛋白 5.97％、甘露醇 111.13％、钾 4.36％、碘 0.34％，还含有大量的降低血压、治疗气管炎、哮喘、促进产妇分泌乳汁等医药成分。而裙带菜的干品含粗蛋白 11.26％、碳水化合物 36.81％、脂肪 0.32％、水分

紫菜

31.35%，还有很多维生素。紫菜的营养价值也很高，富含蛋白质、脂肪、碳水化合物，还含有钙、磷、铁以及多种维生素。现在，人们的饭桌上，海带、紫菜、裙带菜等海藻，已是司空见惯的美味佳肴。

目前对海藻的食用还远远没有达到应有的程度，不管怎样，海藻成为人类的“第三种粮食资源”是大势所趋。

2. 鱼类食物

鱼，是海洋的主要生物，也是人类饭桌上最早的佳肴之一。

鱼的种类很多，现已查明的种类有 2 万多种，其中海洋鱼类约有 1.2 万种。

据专家估算，海洋的总体积约为 13.7 亿立方千米，浩瀚的海洋为生物生长提供了最广阔的场所。生物资源中，食用价值最大的是鱼类。

世界上有四大著名海洋渔场：

北太平洋渔场。从黑潮和亲潮相汇的日本近海，直到阿留申群岛、阿拉斯加等广大海区，盛产大麻哈鱼、鳟鱼、螃蟹、鲽鱼、虾、鳕鱼、狭鳕等。

近海养殖

东北大西洋渔场。渔获物主要有大西洋鲱鱼、鳕鱼、黑线鳕、鲐鱼、毛鳞鱼和头足类、虾类等。

西北大西洋渔场。主要渔场从前是在美国北部和加拿大相接近的纽芬兰岛附近，现在已经向北延伸，一直扩大到格陵兰岛的西岸。其渔获物大体与东北大西洋渔场相同，其近岸盛产虾类。

秘鲁沿海渔场。这个渔场是 1958 年开发的，它的形成是由于秘鲁海流和上升流的作用，使大量的磷酸盐和其他营养盐类不断上升，形成了世界上第四大渔场，主要盛产鲲鱼。

其他渔场有中国沿海渔场、东非沿海渔场、澳大利亚东海域的渔场等。

渔业生产和农业、畜牧业生产相比，投资少、收效快。所以，世界渔业的增长幅度比农牧业大。

近些年来，中国越来越重视远洋捕捞业，捕捞作业能力也大大提高，再加上近海养殖业的发展，人们的菜篮子将更加丰富，人们餐桌上的蛋白质含量也得到了改善。

未来的仿生海洋食品

仿生海洋食品实际上包含了两种意思。一种是仿生食品，另一种是海洋食品。什么样的食品才是仿生食品呢？从营养上,或从风味上，或从外形上，或从组织构造上模仿天然食品而制造出来的食品就是仿生食品。那么，海洋食品又是什么样的食品呢？海洋食品就是以海洋生物为主要原料加工而成的食品。

仿生海洋食品就是以海洋生物为主要原料，采用现代食品加工技术制造的，在风味、口感、质地等方面与天然海洋食品十分相似，营养价值不低于天然海洋食品的新型食品。

仿生海洋食品是近几十年来兴起的一种健康食品，实际上它也属于海洋食品。也许有人会问，直接食用海产品不就行了吗，为什么还要费时费力去制造仿生海洋食品呢？

要回答这个问题，先让我们来看看海产资源的变化情况吧！虽然我国海产品总量年年均以较快的速度增长，但增加的海产品主要是食用价值较低的品种，而优质的海产品产量实际上是在不断地下降。比如，我国四大渔业中的大、小黄鱼，其产量逐年下降，1998年只有26万多吨，比10年前下降了一半还多。这样就造成了优质海产品供不应求、低值海产品供过于求的困难局面。怎样解决目前所面临的这种矛盾呢？科学家经过大量的研究，发现利用低值海产品作为原料，制造食用价值和经济价值都较高的仿生海洋食品就是一个很好的解决办法。

当然，制造仿生海洋食品还有其他的理由。比如，天然海洋食品虽然营养价值很高，风味也很好，但是，它总是存在这样或那样的营养和风味缺陷。我们在制造仿生海洋食品时就可以根据营养和风味平衡的道理来搭配各种营养和风味成分，使生产出来的仿生海洋食品的风味更好，营养更加全面合理。另外，仿生海洋食品还可以去掉海产品中大多数人不喜欢的海腥味，省去了许多烦琐的清理原料的工作，

仿生海洋食品

比如剥壳、去鳞、剖鱼、去鱼骨头等，使得人们食用起来更加方便，非常适合目前日益加快的生活节奏。制造仿生海洋食品所产生的下脚料还可以集中处理，这样既能防止污染环境，又可以增加海产品的利用价值。

1. 仿生海洋食品的种类

仿生海洋食品虽然是一种新型的海洋食品，但是，由于它具有营养价值合理、色香味俱佳、食用方便等优点，受到了越来越多的消费者的青睐，所以，仿生海洋食品不仅产量越来越大，品种也越来越多。像日本，从20世纪90年代以来，仿生海洋食品每年的产量都在几十万吨以上，品种也多达数十种。

现在常见的仿生海洋食品从种类上可以分成6大类，它们是仿蟹肉食品、仿鱼翅食品、仿虾食品、仿墨鱼食品、仿海蜇食品和其他仿生海洋食品。在这6种仿生海洋食品中，仿蟹肉食品不仅生产量最大，而且消费量也最多，是目前最常见的仿生海洋食品。

仿虾食品

2. 我国的仿生海洋食品

我国虽然是海产品的世界超级大国，但是，无论是在仿生海洋食品的数量上，还是在仿生海洋食品的品种方面，都处于世界落后的地位。不过，自从20世纪80年代我国从日本引进仿蟹肉食品生产线，开始生产仿生海洋食品以来，我国仿生海洋食品的发展速度是很快的。目前，我国每年的产量大约在10万吨，主要是仿蟹肉食品，还有少量的仿虾食品、仿鱼翅食品、仿海蜇食品和仿生鱼子食品等。另外，仿鲍鱼食品、仿海参食品、仿扇贝食品等也已经开发成功，或正在开发之中。

开辟蓝色农牧场

一说起农场、牧场，人们一定会想起陆地上那绿色的种满各种农作物——粮食、油料、棉花、糖料

的农场和茵茵芳草上放牧着牛羊的牧场。原始人靠渔猎为生，在陆上用弓矛猎取野兽，在水中用网捕捞鱼虾。后来人们懂得了驯养牛羊猪鸡等动物，于是有了牧场。以后又学会了种植粮食和经济作物，于是有了农场。海洋里的水产资源比较丰富，捕捞天然的动物、采集天然的海藻还能勉强满足人们的需要，对建立海上的农牧场还不那么迫切。加上海洋的环境远远比陆地上恶劣，在波浪汹涌的海上发展人工养殖困难很多，因而海洋渔业的主力还是捕捞。

我国著名的海洋生物学家曾呈奎提出海洋农牧场的概念，主张把蓝色的国土变成种植海洋植物的农场和养殖海洋动物的牧场。他在我国首先培育出海带和紫菜的种苗，研究出人工繁殖海带、紫菜等海藻的方法。海带、紫菜都是体形比较大的褐藻，是海生的蔬菜，含有丰富的碘和钙。在浅海海面用塑料浮球把供海带、紫菜附着的结构浮起来，使这些藻类能在透光层里生活，充分进行光合作用，还可以施化学肥料，过去荒芜的海面就变成种植海藻的农田了。裙带菜、巨藻等藻类也可以用类似的方法种植。

体形比较大的藻类可以种，微

海上的捕鱼船

小的藻类也可以养。螺旋藻是一种很小的藻类，可是它有生产蛋白质的惊人本领，繁殖速度特别快。在广东、海南等亚热带、热带海边筑池引海水养螺旋藻，产量很高。有人甚至设想螺旋藻将来可能发展成为餐桌上的主要食品，这也许有些夸张。目前螺旋藻还只限于掺在面包、饼干里，以增加蛋白质等营养成分，大部分产品作为饵料，饲养鱼虾等水产品。

哪种藻类可以用做防水层

有一种生长在海底的蓝藻，繁殖很快，长得特别茂盛，能在海底上形成致密的防水层。把蓝藻种在盐田的盐池里，还能防止盐池渗水。

在盐田里还可以养卤虫。卤虫又叫丰年虫，是一种很小的甲壳类动物，是虾的"远房亲戚"。这种动物含有丰富的胡萝卜素，既可以当海洋养殖动物育苗期间的饲料，又可以从中提取胡萝卜素，作为功能食品和药品。

大米草是一种营养丰富的饲料，可以种在海边的滩涂上。

巨藻的生长速度很快，在海中大量种植，收获回来可以作为燃料发电，是一种很有希望的可再生能源。

巨藻

对虾除了用放流的办法增殖外，还可以在海边筑虾池引海水养殖。20世纪80年代我国沿海养对虾致富的人很多，对虾也曾大量出口。养对虾最关键的技术是育种、防病和育肥。可是后来养对虾的人多了，养虾池内虾的密度过高，投饵过多，使池内的水营养过剩，连沿海的海水也受到污染，有时滋生了大量的藻类，产生"赤潮"灾害，把海水中的氧都消耗掉了。海水受到污染，虾就容易生病和死亡。对于对虾的疾病，最近几年研究出了一些防治的办法，可是还没有完全解决。20世纪90年代以来，由于一些养虾池里的对虾大量死亡，我国的对虾养殖业受到很大打击。

除了对虾以外，还可以养斑节虾、罗氏沼虾、南美白虾和龙虾等，这些虾的抗病能力比对虾强。

蟹的人工育苗解决之后，可以

在海边的池里或人工礁里养殖。

贝类的活动范围不大，最适于养殖，也不需要很多饵料。我国的贝类养殖发展很快。现在养得最多的是扇贝。扇贝的闭壳肌很发达，味道鲜美。在人工养殖以前，用扇贝的闭壳肌晒成的干贝是很名贵的海鲜。我国在20世纪80年代从国外引进几个新的扇贝品种，开发出养殖方法，十几年来，已经在沿海大量养殖。扇贝养在网箱里，网箱浮在海面。扇贝以海里的浮游生物为食，在网箱里逐渐长大，过一段时间就把网箱收上来，把寄生在贝壳上的藻类和其他海生动物清除干净再放入海水中，很短时间就可以收获。鲍鱼不是鱼，是贝类，也是一种名贵珍稀的海鲜。它的壳叫石决明，是一味中药，它生活在礁石上，现在也已找到育苗方法，放到海边的海水池子里养。海参、海胆也开始有人在海水池子里放养，收获也不少。贻贝可以用风箱养。牡蛎养殖的历史很久，可以在插在滩涂上的竹片或浮在海面的竹排上养。海滩上则宜养蚶、蛤和蜂等贝类。珍珠贝体内如果进入沙粒之类的异物时，它就会分泌出液体来把异物包裹起来，久而久之，形成光彩夺目的珍珠。广西合浦历史上就以产“南珠”而驰名于天下。在我国，养贝取珠现已发展成为一种产业。

发展农牧场，海洋有陆地所不可比拟的优势。陆地只有表面一层

扇贝

海胆

可以利用，而海洋上可以分层利用海水，加上海底，就变成立体的海洋农牧场。鱼虾贝藻混养比单纯养一种水产好得多，可以造成局部适宜的生态环境，对营养物的利用更加充分，有些品种的废物恰好是另一些品种的食物。山东、辽宁渔民同时养多种水产：上层透光，适于养海带、紫菜等藻类；中层用网箱养扇贝；下层养鱼；底层养海参、海胆、蟹等。适当地组合，既节约海面，减少投资，还能防止生物生病，创造更清洁的环境，各种产品产量都能增长，真是一举多得！

长期以来，人类在内陆淡水养鱼和围海养鱼中，探索了一定的养殖经验，但是，这离在海洋上开辟牧场还有相当大的距离。

鱼类的繁殖和生长是依赖海底的地形结构的，如果这种地形结构遭到了破坏，鱼类就会迁徙。生活在巴伦支海中的红鲈鱼和鳕鱼，就因为在19世纪末这一带海域的底层被拖网破坏，海底结构和海底植物受损，使它们失去了必要的生活条件和饲料。

在意大利热那亚沿海，意大利人把1000多辆废弃的汽车投到海底，过了一段时间，这些旧汽车周围长满了水下植物，许多鱼、虾及海洋动物被吸引到汽车周围。这些作为鱼礁的汽车周围，成了人们高产的捕捞基地。

在美国的一座钻井平台周围，最先引来了一批较小的鱼虾，没多久，大鱼也来了。很快，这一带海

域成了一个繁荣的鱼世界，奇怪的是，等钻井平台撤走，鱼群也消失了。

这给了人类许多启示，建造人工鱼礁就等于开辟了海洋牧场，这种海洋牧场像磁石一样把鱼类吸引过来。

鱼类为什么喜欢人工鱼礁

鱼类寻找人工鱼礁，原因并不深奥。这些人工鱼礁，利于鱼类隐蔽，海中猛兽袭击它们时，有人工鱼礁阻碍，猛兽难以发挥威力。同时，人工鱼礁上生长出一些藻类，这些藻类是鱼类的饵料。

海洋牧场的开辟除了设置人工鱼礁外，还有一种方法就是为鱼类建造一个固定的“家”。

日本四面环海，但大陆架浅海区太狭窄，渔业资源很贫乏。聪明的日本人从1950年起，就开始为鱼类建造“家”。位于东京湾口的横须贺市鸭居区，1956年—1958年为鱼类建造了200多间新居，1965年—1968年又增加了715间。结果，日本人达到了预期的目的。目前，日本人已在3300个地点为鱼类建造了78.7万间新居。建造这些鱼类新居，要付出昂贵的代价，但日本人所收获的价值，远远超过其投资。

鱼类牧场已成为许多国家的新生产领域，并为人类提供了大量的鱼产品。那么营养丰富的牡蛎类能不能在海中人工养殖呢？

牡蛎采集和养殖最先出现在法国，后来传到整个欧洲。1967年，仅在大西洋沿岸阿尔卡雄到埃居翁之间就收获了5亿个牡蛎。在西班牙和葡萄牙的贝类养殖场中，或是把牡蛎放在吊篮中吊养，或是用绳拴起来系养。

牡蛎菜肴

海洋牧场的另一方法是“移植”。

人类用人工培育鱼的幼苗，待生长到一定大小后，放流到自然水域成长，借以增加资源，提高海洋生产力。这一做法，日本人称其为“栽培渔业”，欧美则称为“增殖业”。

人类在100多年前就开始了人工培育和放流海洋鱼、贝和虾种苗，到20世纪70年代，这种事业得到迅速发展。增殖方法主要有三种：一是自然放养，是把刚孵化出的幼鱼放流到沿海水域作为资源增殖的一种方法；二是粗养，即采取自然纳苗，饲养一些河口鱼和洄游性鱼类；三是围养，由人工养殖幼苗，控制产卵和受精。另外，世界水产新的养殖技术方法还有海水网箱养殖和网围养殖。

2011年5月24日，随着200个混凝土人工鱼礁礁体被慢慢投入三亚蜈支洲岛海域，标志着中国首个热带海洋牧场正式开建，未来海洋渔业部门还将利用这里的自然海洋生态环境，建设大型人工海洋渔场，增加海洋渔业资源。

建设海洋牧场是时代发展的需要，是由自然集捕型旧渔业向增殖型新渔业的转变，是人类与海洋打交道“悟”出来的经验。海洋牧场的兴起，将为人类开发海洋生物，使面临资源日趋贫乏的海洋渔业生产带来新的活力。

随着海洋牧场的开发，一些先进的技术和设备也将应运而生，用不了多久，“海洋牧场”这个在今天看来是陌生的词，会让人类逐渐熟悉起来。

蓝色保健箱

当被污浊的空气熏染得呼吸不畅、被嘈杂的噪声搅得心烦意乱的都市人们，走下拥挤得像沙丁鱼罐头似的车厢，来到大海身边的时候，便欣然走进了一个清新、宁静的世界。

海洋，不仅奉献给人类宝藏和食粮，还使人类益寿延年。科学家认为，海水的比热系数较大，白天可以最大限度地吸收热量，夜晚又将大量的热量释放出来。因此，一年四季，气温变化不大，是一个良好的自然“空调机”。这样能保证人体的代谢稳定，内脏负担均衡，对人体健康有益。

涌动的鱼群

大海波涛澎湃，海浪的撞击可以产生大量的负离子。据测定，海滨地区的负离子浓度高出内陆的1倍。负离子使空气清新，人们呼吸这样的空气，心旷神怡，增进健康。

特别是在工业化的社会里，被空气污染困扰的人们，能呼吸到这样清新的空气，对健康长寿大有裨益。

民间曾流传着“海水亦良药，可袪风瘙癣”的说法。这是因为海水有杀菌的作用，常在海水中泡浴，可袪皮肤上的癣。另外，那涌动的海水，对身体还有按摩作用，夏季洗洗海水浴，会使人浑身舒畅。

大海，不仅创造了一个有益于人类健康的环境，而且还为人类提供了医治百病的灵丹妙药。辽阔的海洋，是人类硕大无比的“保健箱”。

我国传统医学已经知道很多种海洋生物可以入药。例如鲍鱼、牡蛎、砗磲、珍珠贝和海龟等的壳可以明目、镇惊；海马、海龙是增强神经功能的补药；海蛇是治疗风湿的良药；鹧鸪菜可以驱除消化道内的寄生虫；珍珠粉和珍珠贝壳内层的粉既可以内服，有定惊安神、清热益明的功效，外用还可以治眼病，并可使皮肤细腻。

章鱼能治什么病

章鱼尽管相貌丑陋，但是却有很好的治病健身的作用。《本草纲目》中说章鱼能够“养血益气”；《泉州本草》中则说章鱼“主治气血虚弱，痈疽肿毒，久疮溃烂”。并且告诉人们，用章鱼治疗痈疽肿毒的方法是把章鱼捣烂后，用冰片调和均匀，敷在患处。现代科学研究还发现，章鱼中含有的牛磺酸能保护视力，促进幼儿大脑的发育，降低血压，防治胆结石，增强机体的免疫力。另外，研究人员还从章鱼中提取到一种能够扩张血管、降低血压的多肽成分和能够抑制肉瘤的物质。它们有可能成为治疗心血管疾病和某些癌症的新药物。

海鱼的肝脏含有丰富的维生素A和D，身体衰弱、缺钙、患肺结核病的人吃了可以强壮身体。海鱼的内脏、骨头里的不饱和脂肪酸是一种很好的保健功能食品，对心血管、脑神经有益，难怪广告里把它冠以“脑黄金”的美名了。藻类可以提取藻酸双酯钠（简称PSS），是心脑血管病和高血粘度综合征的防治良药，在国际上得过金奖。珍珠精母注射液是治疗病毒性肝炎的新药，用量小，疗程短。刺参多糖注射液是用一种海参的黏多糖制成的滋补剂，能增强机体免疫功能，抑制肿瘤生长和转移，对血栓性疾病和弥漫性血管内凝血也有疗效。褐藻淀粉硫酸酯（简称为LS）也能抗凝血、降血脂、抗血栓。甘露醇

酸酯可以降血脂、降血压。“海力特”是一种新型的海洋免疫增强药物，对乙型肝炎、肿瘤有很好的疗效。从海洋生物中精炼出来的药物除了有对心血管病有特效的品种以外，还有治疗糖尿病的良药。

用海洋生物还可以制成很多其他药物。例如从海洋头孢菌素中可得到用途很广的广谱抗生素先锋霉素。从海绵的阿糖酸苷可得到抗白血病的药物。用河豚毒素能提出缓解后期癌症的药。褐藻酸钠对放射性锶有特殊的抑制功能，是抗放射性病的药物。柳珊瑚中有前列腺素，能有效地使人类避孕、助产、降血压，还能使牲畜怀驹增产。沙蚕的毒素是理想的无残毒农药，而沙蚕是海滩上的主要“居民”，海边的人用沙蚕当鱼饵钓鱼，它们的数量很多，我国沿海都有分布。从海藻中也能分离出杀虫、抑制真菌的活性物质。从海洋天然有机物中还能提取细胞分裂素，这在细胞工程中是非常重要的材料。

牡蛎、蚶、蛤的壳中含有大量石灰质，在窑里焙烧后，可以制成活性钙，这种药物比较容易被人体吸收，缺钙的人吃了可以补钙。甲壳类动物虾、蟹壳内的甲壳素是一种几丁质,成分跟人的皮肤很接近，可以用来制造人造皮肤，在外科手术和医治烧伤中很有用，覆盖在伤口外面，能使伤口很快愈合。

海鱼

蟹

除了药物以外，还有很多重要试剂也是从海洋生物体内取得的。河豚和海豚虽然只是一字之别，可完全不是一类动物，河豚是人们对生活在海水里的豚科鱼类的俗称。这种鱼在受到攻击时，能吸收空气，使身体膨胀成一个球，把敌害吓跑。河豚肉很鲜美，是江南的名菜，可是它的血液和内脏有剧毒，一不小心吃了就有丢掉性命的可能。江阴人有“拼死吃河豚”的说法。河豚的毒素有很大用处，可以在神经生物学、生理和药理学中作为试剂。鲎是一种样子奇特的甲壳动物，像安了一条尖尾巴的钢盔，它的血是蓝色的，可以做成临床检验用的试剂。

鱼中珍品
——美味加吉鱼

加吉头，鲅鱼尾，刀鱼肚，鲳鱼嘴。

——俗语

加吉鱼，又叫真鲷、铜盆鱼，由于独特的名字，所以加吉鱼的别名一箩筐。

甲级：加吉鱼名贵，通常名人贵客才能品尝，又因体色鲜红是吉庆之意，故名“甲级”。

家鸡：鸡肉是家禽羽族之中的美味，宴席上加吉鱼可代替鸡，故又称“家鸡”。

佳季：每年春季加吉鱼最为肥美，故民间有“椿芽一寸，佳季一阵”之说。

嘉鲯：嘉，美好之意。鲯，加吉鱼的古称。此名由清代著名经学家、训诂学家郝懿行所取。

加吉鱼分红加吉和黑加吉两种，其中红加吉尤为名贵。加吉鱼自古就是鱼中珍品，民间常用来款待贵客。在中国胶东沿海都有出产，以蓬莱海湾的品质最佳。每年初春，香椿树上的叶芽长至3厘米长时便是捕获加吉鱼的黄金季节，有“香椿咕嘟嘴儿，加

美味加吉鱼

吉就离水儿”的民谚。清朝学者郝懿行在《记海错》中有云：“登莱海中有鱼，厥体丰硕，鳞鬐赪紫，尾尽赤色，啖之肥美，其头骨及目多肪腴，有佳味。”加吉鱼肉质坚实细腻、白嫩肥美、鲜味醇正，尤适于食欲不振、消化不良、气血虚弱者食用。

加吉鱼最鲜美的部位是它的头部，含有大量脂肪且胶质丰富，熬出来的鱼汤汁浓味美，还可以解酒。在胶东沿海，渔船出海有一个规矩，若捕上一条加吉鱼，鱼头自然是要留给船老大的。若在饭馆里点上一条加吉鱼，行家必不动鱼头，先吃鱼肉，以示对客人的尊重。

吉祥之名

加吉鱼在历史上有许多别称，但在胶东，人们比较认同的还是“加吉”，一来因为有“吉上加吉”之意，二来也与一段传说有关。

相传，唐太宗李世民来到登州（现在的山东蓬莱），择吉日渡海游览海上仙山（现今的长山岛），在海岛上品尝了一种色味俱美的鱼之后，问随行的文武官员此鱼为何名。众人不知又不敢胡说，只好作揖答道：“皇上赐名才是。”唐太宗想到当日是择吉日渡海，品尝鲜鱼又为吉日增添光彩，于是赐名“加吉鱼”。

不管这段传说是否属实，只因加吉鱼属鱼中上品，身形优美，很

加吉鱼菜肴

适合人们的审美倾向，赋予它一个美好的名称便不足为奇了。有了这样一个吉祥的名字，招待贵客或喜庆家宴一定要用加吉鱼，便成为胶东民间一条不成文的规矩。

加吉鱼的常见烹调方法

清蒸加吉鱼

“清蒸加吉鱼”是鲁菜中必不可少的一道佳肴，也是蓬莱“八仙宴”中必不可少的一道名菜。清蒸可以最大限度地保持加吉鱼的原汁原味，这也是烹调海鲜的真谛。越鲜的东西做法越简单，将加吉鱼鱼身两面改斜刀，然后将调料拌匀后撒在鱼身上，入锅旺火蒸约20分钟，掀开锅盖，满屋即可闻到浓浓的鲜香味。再加上鱼皮殷红，鱼肉嫩白，色、香、味样样精到，足以使人久食不腻。

加吉鱼香椿芽

老辈人有句俗话：“香椿芽和加吉鱼一块炖，吃了这顿还想吃下一顿。”收拾加吉鱼的时候，鱼腹通常是不剖开的，而是把内脏从鱼嘴处摘除，鱼腹内保留鱼子和鱼鳔。鱼子结实饱满而鱼鳔空虚，若直接烹制就端上桌，显得对客人失礼。厨师使出妙招，把剁好的瘦猪肉馅和切好的香椿芽塞进鱼鳔内。对此，民间有“椿芽一寸，加吉一溢”之说。用香椿芽来烹制加吉鱼，两鲜合一鲜，越吃越觉鲜。香椿树在胶东民间被视为受过皇封的树王，加吉鱼又含吉祥之意，因此这道菜承载着人们祈盼富贵、吉祥的美好愿望。

在胶东，加吉鱼向有“一鱼两吃”的习惯，即用一条鱼做两道菜：一道是清蒸加吉鱼，一道是加吉鱼头汤。先是把整条鱼烹制上席，吃完鱼肉后将头及骨刺入锅氽汤，再次上席，味道仍然鲜美，还能作开胃醒酒之用，品味之妙胜过全鱼。这种独特吃法在其他菜系中甚为少见。

你知道吗

加吉鱼趣闻

一夫多妻：加吉鱼一般以一二十条群居，其中只有一条雄鱼，为“一夫多妻”制。如果雄鱼死了，便有一条最强壮的雌鱼变成雄鱼，带领其余的雌鱼开始新生活。

由雌变雄：为什么加吉鱼可以由雌鱼变成雄鱼呢？原来，雄加吉鱼身上有鲜艳的色彩，一旦死去光色便会消失，身体最强壮的雌鱼神经系统首先受到影响，随即在它的体内分泌出大量的雄性激素，使卵巢消失，精巢长成，鳍也跟着变大，蜕变成一条雄鱼。

流行食品——磷虾

海洋中最大的水产资源不是海洋鱼类，而是海洋中的磷虾。磷虾主要生长在南极，南极磷虾的总量有50亿~60亿吨，即使每年只捕捞1%~2%，也要比全世界的鱼产量的总和还要多。磷虾将是人类蛋白质的主要提供者，将会成为人类的一种重要食品，并将成为21世纪的流行食品。

很早以前，人们传说地球的最南端有一块富饶的土地，南极陆地吸引了一代又一代航海探险家去寻觅。1768年—1775年，英国探险家库克带领船队到南极圈去探险。

一天，库克的船队正在南极海域航行。库克拿着望远镜观望，发现远处大海中隐现一片紫红色的"沙滩"。库克异常激动，以为发现了"新大陆"。库克指挥船队靠近"新大陆"，驶近一看，"沙滩"消失了，眼前看不见陆地，仍是一片汪洋大海。后来，才发现那片"沙滩"原是一大群虾。

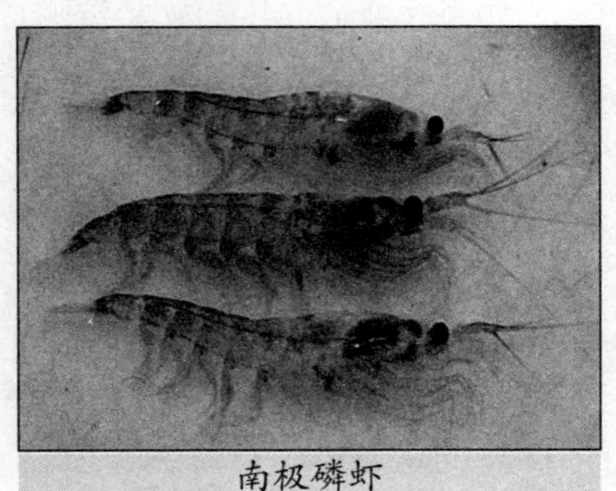

南极磷虾

这一大群虾便是南极磷虾。南极磷虾大都生活在距南极400~1800千米的水域里。它们喜欢集群活动，常常形成上百米宽的阵容。随着它们成群结队地游动，海面上银波闪耀，一片流萤飞舞的景象。

南极磷虾有几十种，大多数能发出蓝绿色的光，所以得名磷虾。南极磷虾体长4~6厘米，外表像小型龙虾，长着一对黑眼睛，故又称"黑眼虾"。它的体色几乎是透明的，外表呈金黄色，体内呈粉色。它之所以会发光是因为腹部有一个发光器官，夜晚会发出蓝绿色磷光。在磷虾体内有一种叫作糖蛋白的物质，能使体内冰点下降。所以，南极磷虾即使生活在冰冷的海水中，身体也不会冻僵。

磷虾繁殖能力很强，生长速度又快，在盛产磷虾的南极水域每立方米海水中，磷虾的数量可达几十千克之多。磷虾的繁殖速度极快，年增长率大于5%，人们的捕捞能力却低于它的繁殖能力。

磷虾是海洋中鲸、海豹、企鹅和海鸟喜爱的食物。它味道鲜美、

营养物质丰富，也适合于作为人类的食品。在新鲜的虾中，含有大量人体所需的氨基酸和多种微量元素，还含有丰富的蛋白质。干磷虾中含有65%的蛋白质，所以，磷虾可望成为人类蛋白质的主要来源。

磷虾既可直接食用，也可用来制成虾油、虾丸、香肠等食品。用磷虾制成的蛋白膏可用来防治肥胖症、胃溃疡和动脉硬化症。所以，它是食品工业、医药工业的重要原料。

对南极磷虾的捕捞，开始于1961年。一些国家相继在南极进行试捕，包括苏联、日本、波兰、法国、德国。1974年，日本渔民试捕量平均每日16吨。1976年，德国渔船的捕捞量平均每小时8～12吨。

捕捞磷虾有专门的捕虾船。捕虾船构造坚固,有一定的破冰能力，不怕浮冰，能在南极海域进行捕捞作业。在捕虾船上装有探鱼仪，可以用声波探测虾群，也可用光的反射进行探测。夜晚，捕虾船采用灯光诱捕。

当进行灯光诱捕时，人们打开了水下灯，整个海面立刻被照得通明，磷虾争先恐后地朝水下灯光源处游来，越聚越多，于是大功率的鱼泵开始启动，连水带虾一起吸上捕虾船的船舱里。捕虾船也可用拖网、围网来捕捞磷虾。由于磷虾在水下250～400米水深处生活，暖季时，它们浮上海面来吃硅藻。它们喜欢在早上或黄昏时游出海面，所以捕虾船在黄昏时出海进行捕捞，可以获得大丰收。

由于磷虾容易变质，要是把捕到的磷虾放在甲板上，2小时后，磷虾壳体会变成黑色，虾肉变软，质量大大下降。所以，捕虾船捕上磷虾后，在船上必须立即进行加工处理。如果来不及加工处理的，需要及时放进冷藏库里冻起来，或者留在拖网里，让拖网浸在海水里，等以后慢慢加工。

捕虾船装备有磷虾加工车间，

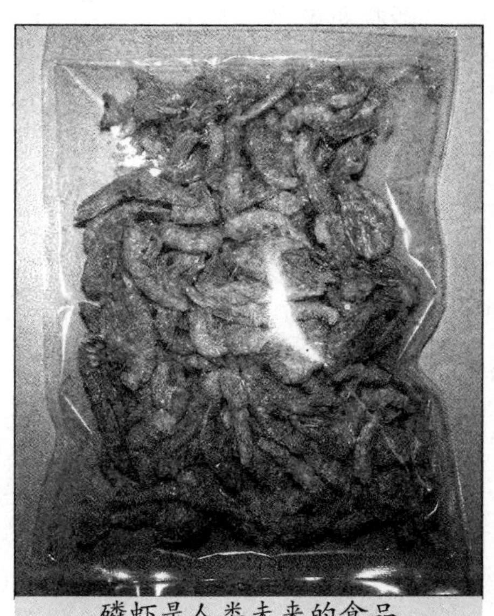
磷虾是人类未来的食品

磷虾加工设备都是自动化的。自动运输带从虾仓里把磷虾送到去壳机中，把磷虾壳去掉，又自动将磷虾肉煮熟，送到碎肉机中，出来的磷虾肉已成为颗粒，然后进行脱水处理，最后干燥成虾仁，直接装进罐头，成为虾肉罐头。有的磷虾清洗后进行冷冻成为冷冻磷虾，被制成冷冻磷虾罐头。

有的捕虾船上还装备有磷虾的深加工设备，采用压榨的办法来处理磷虾，把榨出来的蛋白质进行加热，使蛋白质凝结，然后进行浓缩、冷冻，成为食品工业、医药工业的原料。磷虾加工后剩下的虾渣可以制成动物饲料。可见，磷虾身上到处都是宝。

磷虾是鲸的天然食品，一头鲸每天要吞食 3 ~ 4 吨磷虾。随着大量鲸的被捕杀，使南极生态失去平衡，一些依靠海洋微生物为生的鱼类处于饥饿状态，大量捕捞磷虾可以改变这一状态。磷虾寿命不长，一般 3 年左右，不进行捕捞，也会自生自灭，残骸会溶入海洋，宝贵的海洋生物资源会白白耗掉。目前，世界上已有 20 多个国家在进行南极磷虾的捕捞、加工，并已研究如何充分开发、利用磷虾这一海洋上最大的生物资源。全世界磷虾捕获量也在逐年提高。1977 年时，全世界磷虾捕获量为 10 万吨；1979 年，磷虾捕获量为 30 万吨。目前磷虾的捕获量每年百万吨左右。

随着海洋工程技术的发展，对磷虾的开发与利用受到越来越多国家的重视。磷虾这种宝贵的海洋生物资源将会被更加充分地开发与利用，磷虾有可能成为人类的重要食品来源，成为新世纪人类的流行食品。

海藻美容瘦身的奥秘

提到海藻，人们可能会认识到它是一种很好的健康食品、长寿菜，至于海藻是很好的美容养颜、美发、护肤、减肥佳品，可能知道的人就不多了。在我国古书中早就有记载：常吃海藻食物，会使头发光泽乌黑，皮肤细腻，身体轻盈。在国外，如墨西哥人则认为，海藻加上咖啡因是减肥产品的元素，两者配合，可刺激机体排除多余脂肪，达到瘦身的目的。那么海藻美容瘦身的根据是什么呢？它们又表现在哪些方面呢？我们又是通过哪些方法利用海藻来美容瘦身的呢？

海藻含有人体所必需的蛋白质（在螺旋藻、小球藻、紫菜等海藻中含量很高，一般海藻中含量中等），

海藻多糖丰富，并有很多种矿物质、维生素及大量的膳食纤维，脂肪很少，是营养丰富的低热量碱性食品。利用海藻酸盐的凝胶特性可助消化，有防止肥胖和排毒等作用。就以褐藻胶来说，由于它是大分子构成的，易溶于水，但不溶于酸溶液，在酸碱度低于3的环境中，形成致密的网状结构，从而成为具有半渗透作用的凝胶体，当食用了大量的可溶性褐藻胶后，在胃内酸性环境的作用下，便形成网状凝胶，覆盖于摄入的食品表面，并且有选择性的通透作用，允许食物中那些小分子物质（如微量元素、氨基酸等）通过，而被人体吸收。那些大分子物质（如淀粉、脂肪等易于引起发胖的因子）则被包裹其中，不被吸收而随同粪便排除，从而达到人体减肥作用。

褐藻胶不易被人体消化吸收，它是一种可食性的膳食纤维，进入肠道后，增强其蠕动排空的能力，使肠道中有毒的代谢废物，迅速排出体外。另外褐藻胶还有排铅解毒的生理作用，其原理是褐藻胶的分子结构为溶于水的褐藻酸钠，当它遇到体内的二价金属铅时，在适当的条件下，便发生置换反应，即体内的二价铅取代了褐藻胶中的一价钠而螯合成为不溶性的铬合物形式存在时，便失去了对人体的毒性，形成不溶物随粪便排出体外，达到排铅解毒的作用。

海藻

海藻的膳食纤维吸水后膨胀，故食后有饱胀感，这样就可预防吃得过多；另一方面它有促进肠道蠕动，增加排泄功能，可预防肠道内剩余糖分被消化吸收，从而避免糖分囤积在皮下组织，达到减肥效果。

海藻能调节水分，改善过于干燥皲裂的肌肤，因为海藻的细胞液与人体细胞液相类似，因此海藻制剂易被人体吸收。如褐藻酸能刺激皮肤的新陈代谢，墨角藻聚糖有很强的保湿能力，让肌肤滋润柔滑。碘和溴化物能调节细胞再生，泛酸与氟能强化结缔组织，维生素能捕捉自由基及平滑再生肌肤，甲硫氨酸和组氨酸具有消炎作用，硫能清洁皮肤。海藻中具有强效修复霉素、混合革新的氧化物和调肤剂（密集修复液），能改善皮肤明净度及预防皮肤干燥和出现细的皱纹。海藻中的活性酵素衍生物能淡化色斑黑色素，提高细胞含氧量，有助皮肤吸收营养。海藻中具有多种微量元素、矿物质，渗入皮肤，能激活细胞活性，促进弹性蛋白与胶原蛋白的合成。海藻中含有丰富的碘，碘是制造甲状腺素的主要原料，甲状腺素是人体非常重要的物质，它能使人体交感神经兴奋，有促进新陈代谢的作用，如头发有光泽，就是由于甲状腺发挥了作用之故。碘还可刺激大脑的垂体，使女性体内雌性激素水平降低，恢复卵巢正常机能，纠正内分泌失调，消除乳腺增长、乳腺癌、甲状腺癌、卵巢癌、子宫颈癌、子宫肌瘤等隐患。适当摄取碘，可使人青春美丽，尤其是女性朋友更应适时补碘，多吃点海藻食品。海藻中的铁含量高，使人体皮肤光滑、毛发滋润，锌缺乏会引起皮肤病，海藻中锌的含量也是较高的。

海藻中的维生素 A 能维持上皮组织的健康生长；维生素 B 能平展皮肤的新皱纹；维生素 C 能弹性蛋白质，保持皮肤滑润健康，减轻色斑，使皮肤白皙；β－胡萝卜素、维生素 E 等多种维生素能抑制细菌生长，增加细胞活力，调节脂肪代谢，有效地纠正机体内分泌系统紊乱，可以减轻皮肤黄褐斑、痤疮、老年斑，促进头发生长，防止毛囊角质化、皮肤干燥，使皮肤保持弹性、光泽、红润，并有延缓衰老的作用。

海藻中含有丰富的蛋氨酸、胺氨酸，它们对女性的头发十分有益，缺乏它们，头发会变脆、分叉，失去光泽，它们又能使油性皮肤改善油脂分泌。海藻有助脂肪细胞分解，令身体流汗时排出多余的水分及毒素。海藻胶还能提供深层保湿，防止皮肤失去水分。

海藻作为天然的美容瘦身佳品是具有很多优势的，特别是海藻蛋白具有柔和性、营养性、保健性、功能性及安全性五大特点。海藻蛋白与人体皮肤的毛发相融性极佳，对皮肤和毛发的附着性、渗透性好，人体易吸收，给皮肤充分营养。它还具有强抗氧化能力，提高了皮肤的自我保护能力，所以海藻可以作为高级化妆品的理想添加剂。

美容的基础首先是营养，海藻

海底藻类

能提供较全面均衡的营养，可调节脂肪代谢。由于海藻中含铁量丰富，因此在减肥过程中不会发生缺铁而造成贫血现象。它们含有的蛋白质易被吸收，脂肪含量少，因而产生的热量少，藻体中含有较多的钾、钙、钠等碱性离子，能中和皮肤的酸性物质，海藻及其酶的水解产物具有很好的作用，利于治疗暗疮、雀斑、黑斑、减轻皮肤的酸性，令皮肤呈中性，柔滑和富有弹性。因海藻是强碱性食品，可消除使人致病的酸性体质，促进人体酸碱平衡，不易生病而使人显得容光焕发、神采奕奕。

快乐健康——有“贝”无患

1. 常吃贝类能调节人的情绪

美国匹兹堡大学的研究人员发现，人们血液中 ω–3 多不饱和脂肪酸含量的高低，还可能影响其情绪，有时甚至可能引起某些精神性疾病。研究人员曾将试验人群分成两组，一组人每天在其饮食中都添加一定量的水产品，使其血液中 ω–3 脂肪酸保持较高浓度，另一组则不添加水产品作为对照。经一段时间的观察后发现，食物中添加水产品的一组，人的心态明显好于对照组人群。因此他们认为，经常食用水产品可使人保持良好的心态，并且可以减少抑郁症的发病率。

当血液中 ω–3 脂肪酸含量处于较高水平时，人们大都心态平和，情绪乐观，不容易产生感情冲动；当血液中 ω–3 脂肪酸含量处于较低水平时，人则心情低落，情绪容易出现冲动，并且还有可能产生轻度或中度抑郁症状。

此外，人体血液及体液中钾和钙的浓度也可能影响人的情绪。缺钾会导致人体内钠–钾失衡，容易引起血压不稳，情绪波动，心情烦躁，甚至还可能出现轻度痉挛抽搐等症状；体内缺钙也容易引起人烦躁不安，情绪波动。贝类等水产品中都含有丰富的钾和钙，同时其脂肪中不饱和脂肪酸含量高，经常吃贝类可以补充体内的钾和钙，提高血液中钾、钙以及不饱和脂肪酸的含量，因而可以使人情绪稳定，心态乐观，避免抑郁症的发生。

2. 常吃贝类能减少心脑血管疾病的发生

加拿大蒙特利尔大学的科学家经实验研究后认为，水产品中的 DHA、EPA 等多不饱和脂肪酸可以通过影响血管结构来产生降血压作用，因而经常吃水产品可以预防和

贝类海鲜

治疗高血压等心脑血管系统的疾病。美国心脏学会的专家还发现，经常吃水产品可以降低妇女糖尿病患者的心脏病发病率。

贝类不仅脂肪含量低，而且其脂肪的构成大多以多不饱和脂肪酸为主，因此经常吃贝类等水产品对心血管疾病患者是大有裨益的。

3. 多吃贝可防癌

近年来，癌症的发病率在全世界呈现普遍上升的趋势，其死亡率仅次于心脑血管疾病，成为危害人类健康的第二大杀手。世界范围内的癌症高发，除了与环境污染等因素有关之外，人们的不合理饮食也被认为是其重要的诱发原因。有统计资料显示，人类的脂肪摄入量与直肠癌、胰腺癌、前列腺癌、乳腺癌等癌症的发病率表现出明显的关联性。例如：欧美人的脂肪摄入量比日本人高4倍，并且前者摄入的脂肪中 ω–6 系列脂肪酸比例高，而后者摄入的脂肪中 ω–3 系列脂肪酸比例高，统计结果是欧美人的直肠癌发病率要比日本人高得多。该统计结果还显示，在食用不同类型油脂的人群中，经常食用动物性脂肪的人群乳腺癌发病率明显高于食用植物性油脂的人群；而食用植物油脂为主的人群中，食用的油脂中含亚油酸（ω–6 系列脂肪酸）多的人群要比油脂中含亚油酸少的人群乳腺癌发病率高。日本关西医科大学

的科学家认为，高纯度的EPA有抑制直肠癌的作用。秋田大学医学部的科学家认为，DHA比EPA抑制直肠癌的作用更强。

关于DHA和EPA抑制癌症的作用机理目前尚未完全探明，有人认为癌症的发生与一种叫前列腺素的物质（特别是其中的前列腺素E2）有关。前列腺素E2是由花生四烯酸合成的，而DHA和EPA等ω-3多不饱和脂肪酸可限制人体对花生四烯酸的吸收，从而抑制了前列腺素E2的合成，以此来发挥抑制癌症的作用。

某些微量元素和维生素也有抗癌、防癌作用。据研究，微量元素硒、维生素E、维生素C可清除人体内的自由基，保护组织细胞免受氧化伤害，可有效预防皮肤癌等癌症的发生。美国的调查资料还显示，土壤中含硒量的高低与癌症的发病率存在着一定的关联，土壤中含硒量高的地区癌症发病率一般都比较低。虽然人们无法选择居住地的土壤，但通过食用贝类等水产品等来补充硒和维生素还是很容易做到的。

你知道吗

还有哪些海产品能抗癌

科学研究认为，鲨鱼的鳍、脊柱等地方存在强力的抗癌物质。美国的科学家已经从姥鲨的

青口贝菜肴

鳍和脊柱中，成功地提取出一种物质，用它制成的药丸，能够抑制和治愈实验兔子的癌肿。其次是海藻类。有人做过详细的调查，发现日本人的乳腺癌、肠癌等癌症的发病率比世界其他地方的低。这是为什么呢？原来是日本人大量消费海带的缘故。因为海带中含有很多的硫酸多糖、微量元素及膳食纤维，而这些物质或多或少都能抑制癌症的发生。此外，带鱼、河鲍、黄鱼、海蜇以及海洋贝类等也都具有抗癌的作用。

此外，贝类中还含有某些生理活性物质，这类物质也具有非常强的抑制肿瘤细胞生成的功能。活性肽、虾青素、甲壳素、硫酸软骨素等都已被证实有良好的防癌抗癌效果，因此，经常食用贝类可以起到抑制肿瘤细胞生成、减少癌症发生的作用。

赤贝菜肴

4. 预防老年痴呆症益寿延年

随着社会人口的老龄化，老年痴呆症患者逐年增多，必将给社会与家庭带来巨大的压力。

诱发老年痴呆症的主要原因有:

（1）因脑供血障碍引起的，例如脑血栓；

（2）脑细胞老化引起的，例如随人的年龄增长，大脑海马细胞减少、脑细胞老化、脑细胞突起的延伸发生障碍等。

贝类等水产品中都含有丰富的DHA和EPA，常吃贝类可补充人体内的DHA和EPA。EPA有预防动脉硬化、降低血胆固醇、减少血栓形成等功效，可降低脑供血障碍的发病率。DHA则有益于脑细胞的营养,可维持脑细胞突起的正常延伸，降低由脑细胞老化引起的老年痴呆症发病率。此外，贝类中所含的维生素B12等也有维护神经细胞膜，延缓脑细胞老化，预防老年痴呆症的功能。对于那些已出现老年痴呆症症状的患者，常吃贝类等水产品则可改善症状,延缓其进一步发展。

美国拉什大学医学研究中心

的研究人员发现，每周吃一次以上水产品的老年人，比不经常吃水产品的老年人记忆力减退速度慢10%～13%。贝类等水产品中都含有丰富的维生素C和维生素E，这两种维生素都具有很好的抗氧化作用，经常吃贝类能保护细胞免受氧化侵害，延缓人的衰老速度。贝类中含有的钙和磷能防止骨质疏松、增强骨骼韧性。硒和锌等能激活多种生理代谢酶，调节内分泌，抵抗有害重金属以及黄曲霉素B等毒物，增强机体活力、人体免疫能力，减少疾病侵袭，防病强身。贝类中含有的生理活性物质还有抑菌消炎、抑制肿瘤癌变、调节免疫活性、增强免疫力等作用。

贝类营养丰富，高蛋白低脂肪，经常吃贝类可减少脂肪在人体内的积聚，降低心脑血管疾病的发病率，延缓衰老，预防老年痴呆症，对人们的健康，特别是对中老年人的健康更是大有裨益的。日本人的平均寿命长，爱斯基摩人心血管疾病和癌症的发病率低而长寿者多，都与他们经常吃水产品有关。美国营养学家斯罗德博士曾在《美国医学会期刊》上撰文指出，水产品中，含有的不饱和脂肪酸可减少人们血液中的低密度胆固醇，降低中老年人患高血压、冠心病、中风的概率。他建议，中老年人，尤其是中老年女性最好能保证每周吃2～3次以上的水产品，每次食入量不少于100克。为了我们的健康与长寿，人们最好能改变一下自己的饮食习惯，平时少吃一点肉和油，多吃一些水产品！

走和谐人海之路

从世界范围来看，海洋生物多样性正在承受更大的威胁和压力。世界性的海洋开发活动迅猛发展，预计今后几年将出现更大的热潮。如果不采取有效的保护工作，中国的海洋生物多样性将可能进一步受到损害并造成不可弥补的损失，从而影响到世界海洋生物多样性的状况。因此，抓紧研究与保护中国的海洋生物多样性不仅对于中国海洋经济乃至世界经济的持续稳定发展意义重大，而且也是世界海洋生物多样性保护中不可缺少的组成部分，这已经成为一项十分紧迫的任务。

海洋生物多样性保护的目的就是要维持丰富的海洋生物物种，保护各种典型的海洋生态系统类型，增加濒危和珍稀物种的资源量，使各种类型的海洋生态系统和自然景观处于良好状态，促进海洋生物资

五彩缤纷的海底世界

源及其他资源的永续利用。为此，必须加紧开展以下几项工作。

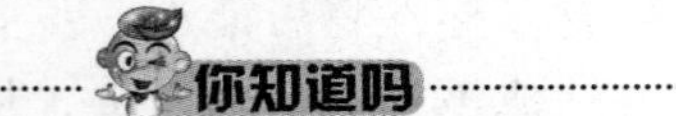

目前哪些珍贵的海洋动物处于濒危状态

据国际保护自然与自然资源联合会（IUCN）新近公布的有关资料显示，目前已有五种海洋动物处于高度濒危状态。它们是海獭、驼背海豚、普通锯鳐、巴西犁头鳐和鲸鲨。

1. 完善生物多样性保护的政策和法规

尽管我国颁布了一系列生物多样性保护的法律法规，但仍不能满足生物多样性保护形势发展需要。因此，尽快制定自然保护区法、海洋生物多样性保护法等国家法律，进一步完善海洋生物多样性保护和管理的配套法规及实施条例是非常必要的。我们应当在深入调查研究的基础上，高度重视新形势下出现的新情况、新问题，积极研讨，对现有法律法规不适应新形势的条款进行修订，完善相关配套技术规章制度。

2. 进一步加强自然保护区建设，协调发展与保护的关系

人类的频繁活动是对陆地和海洋生物多样性的巨大冲击。因此，为保证生物多样性的持续不断繁

荣昌盛，对有代表性的珍稀濒危野生动植物物种自然分布区在陆上或海洋依法划出一定面积，并且给予特殊保护和管理是很必要的，这已被我国自然保护区条例明确规定。这个保护区是非经营营利性的，它既不是经济区，也不是行政区，而是保护海洋自然环境和资源为主的自然区。

各种类型自然保护区的建立，在一定程度上对保护濒危生物物种、种质资源以及生态系统发挥着重要作用,并为科学研究提供基地保障。

海底美景

3. 加强生物多样性保护的监督和信息系统建设

根据各地方生物多样性区划特点，建立和完善统一的生物多样性保护的监测网络，按照统一的技术规范，利用先进技术手段，开展对重要目标生物多样性状况及生态环境的长期动态监测，不断积累和完善珍稀濒危动物种数据库、自然保护区数据库、遗传多样性数据库、经济动植物种数据库、生态系统数据库等，建立生物多样性保护区域地理信息系统，为生物多样性的保护、利用和科学管理提供决策依据，并加强内外信息交流，协调国际性的生物多样性保护战略和行动。

4. 加强保护生物多样性的宣传教育

生物多样性保护是一个涉及全社会多个环节的长期而艰巨的任务，因此，要加强宣传，倡导人们主动抵制破坏生物多样性的行为。充分利用各种传媒，采取多种形式；大力宣传保护生物多样性对生态环境建设和实施可持续发展战略的重要意义；开展普法教育，在公众中营造依法保护的观念和意识，特别是要通过宣传争取自然保护区周边社区公众的理解和支持，形成全社会共同支持和参与生物多样性保护和自然保护区建设的局面。

5. 积极开展生物多样性保护的科学研究

科学研究是生物多样性保护的基础。在保护生物多样性的工作中，我们要做到采取科学研究途径，探索现存野生生物资源的分

布、繁殖状况、栖息地、种群数量、濒危原因以及开发利用状况等，并根据濒危等级，制定相应的保护计划和措施。

美丽可爱的小丑鱼

6. 广泛开展生物多样性保护的区域合作和国际合作

广泛开展区域性乃至国际性合作是当代保护生物多样性的一个重要措施。我们应当充分利用香港、澳门国际金融中心、信息中心、贸易中心的优势，加强区域和国际合作，争取资金和技术援助；继续加强和扩大与周边国家在多样性保护方面的双边和多边交流与合作；进一步加强沿海省份和珠江流域沿线省区的合作，从物种保护、污染防控、管理体系、科学研究等方面的合作，从而进一步促进中国海洋生物多样性保护工作的深入开展，维护良好的生态环境。

海洋中的生物资源是一项宝贵的资源，人类对它的依赖不仅仅局限在当代，还涉及子孙后代长远持续地发展利用。海洋生物资源虽然是可再生的，但需要有良好的再生条件，即有好的海洋环境来保证。因此，海洋环境保护应当是首要的。现在海洋环境遭受破坏绝大部分是人类行为的干扰破坏所引起的后果，只有减少对海洋环境的危害，生活其中的海洋资源自然才可以得到修复，海洋生物的多样性才能得到更好地再生、增殖，人们将会更好、更合理有序、有度地开发利用。

第三章
源远流长的人海文化

海潮涌动，传递着大海心底最深沉的呼唤；人海相依，演绎着人与海洋最炽热的情感。慢慢走过的岁月，仿佛是船儿在海面经过的划痕，转瞬间成为永恒。这里既有海洋的无限馈赠，更有人类铸就的恢宏而深远、博大而深邃的海洋文化。

四方涌动众海神

1. 海龙王的由来

对很多沿海居民来说，“海龙王”不是一个陌生词。在他们心中，海龙王是有着非凡本领和神奇力量的海内天子，掌管着渔民的生产作业和旦夕祸福。所以，人们崇拜海龙王，希望海龙王能让他们安居乐业。那么，海龙王从何而来？人们为何如此信仰海龙王呢？

传说远古时代，中国有许多部落，每个部落都有自己的图腾象征。随着中原信奉龙的部落逐渐强大，东南沿海崇鸟、崇蛇的各个部落渐渐衰落，龙作为骁勇善战、智慧威严的象征逐渐统领了整个中国。到了唐朝，龙的地位已由远古时代的图腾转化为河海之君，于是从宫廷到民间，人们开始普遍祭祀龙神。

你知道吗

“鲤鱼跳龙门”是怎么一回事

传说中国古时候，有一个叫大禹的治水英雄。他为了治理好黄河，给人民造福，就从青海积石山开始疏导黄河。据说，当时龙门山与吕山相接，挡住了黄河的去路，使黄河水倒流而泛滥成灾。大禹治理黄河来到此处，就用神力把龙门山劈为两半，让河水从峭壁间流过，这就是龙门。龙门往下几百千米就是著名的三峡。后来，大江大海中的大鲤鱼，在每年三月都会来到这里，然后用全身力气，狠命一跃，跳过龙门的鲤鱼就一举成龙，跃不过去

龙图腾

的就仍然是鱼，这就是“鲤鱼跳龙门”的故事。再后来，这句话成为吉祥用语，并用来比喻得到名人的援引而增长声誉。在科举时代，称会试得中者为登龙门。中国汉代著名的大历史学家、文学家、《史记》的作者司马迁就是在龙门诞生的。

不仅如此，国外佛教的传入和推广也影响了海龙王在人们心中的地位。西汉末年，印度佛教传入中国，其中许多关于龙王称谓和事迹的经籍在社会上产生了极大反响，人们仿佛感受到冥冥之中神灵的存在，从此，海龙王成为人们新的信仰寄托。

2. 小心翼翼敬元神

辽东半岛滨海民众自古以来将海龟视为海神，尊称其为“元神”。都说“千年的王八万年的龟”，龟一直以来就是长命百岁的象征，人们亲切地称海龟为“老帅”，期望沾点福气。古人传言海龟善于变化，可以给人祸福，所以渔民都不敢得罪它。船要下锚时，船长会高喊一声“给——锚——了”，再稍等片刻才下锚，就是怕伤到海龟。如果不小心捕捞到海龟，渔民立即虔诚地将其放回大海并念念有词请求宽恕。

福建一些客家人也信仰龟，把龟看成能带来幸福的圣物。他们还把人活百岁称作“龟龄”，庆寿用的糯米粿上也要印上“龟印”。

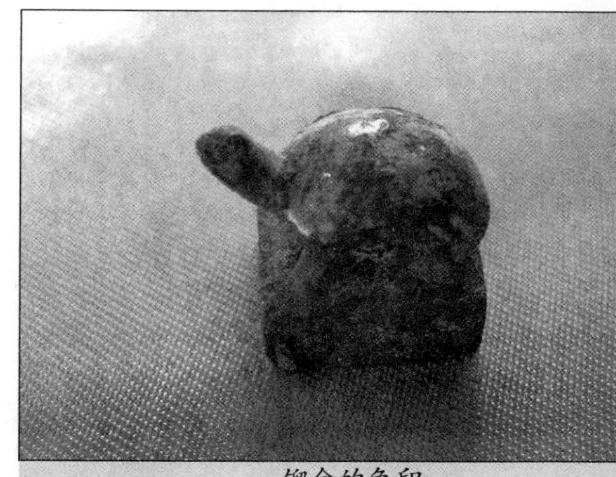

鎏金的龟印

3. 双面伊“神”波塞冬

希腊神话中，波塞冬是手握一把巨大三叉戟、乘坐金色战马的海神。他住在深海的金色宫殿里，拥有强大的法力，掌管着海洋。在人们心中，波塞冬既是“恐怖神”也是“保护神”。因为只要他不高兴了，便会挥动手中的三叉戟扰乱静谧的大海，引发海底地震和海啸。然而，有时波塞冬也会用三叉戟击碎岩石，让甘甜的泉水从岩石的缝隙中缓缓流出，滋润大地，灌溉农田。不仅如此，只要波塞冬的战马经过海面，波涛汹涌的大海立刻变得风平浪静。

而每当渔民在海上遇到危险的时候，波塞冬的吉祥物海豚也会奇迹般出现，帮助渔民化险为夷。

波塞冬的无边法力会给人们带来灾难，也能带来丰收，保佑渔民航行顺利，所以爱琴海附近的希腊人都对海神波塞冬无比崇拜。他们真诚祭拜波塞冬，以期平复他的怒气；虔诚地信仰波塞冬，希望出海顺利安全。

双面伊“神”波塞冬

4. 圣洁女神伊曼雅

每年2月2日是巴西人的海神节。这一天，巴西人举行盛大的宗教仪式祭祀海神，向海神祈福。他们祭祀的海神名叫伊曼雅，所以海神节又叫伊曼雅节。

海神伊曼雅是巴西人心中聪慧美丽、纯洁善良的女神，她拥有强大的法力，不仅能保驾护航，更能赐予人们幸福安宁的生活。节日清晨，里约维尔梅乌湾的伊曼雅神庙里聚集了许多人，伴随着鼓声响起，仪式正式开始。女祭司和一些侍女缓缓走来，她们穿着宽大的衣衫，带着闪亮的项圈，虔诚而优雅地跳起宗教舞蹈。人们认为伊曼雅喜欢玫瑰花、香水、镜子这些能代表她女性柔美的东西，便将香水、镜子、玫瑰花、酒和祈祷信装在篮子里献到祭坛上。中午时分，乐手奏起鼓乐，舞者跳起桑巴舞，人们纷纷涌向海滩。远处，一艘船缓缓驶来。船靠岸时，女祭司和侍女们便把盛有祭祀礼品的篮子送到船上。这时，人们也纷纷涌到船边，虔诚地亲手把自己的祭品献到船上。满载着祭祀礼品的船在人们的祈祷声中再次驶向大海。船到达特定地点后，装满祭祀礼品的篮子被放到水面上。人们只有看着篮子慢慢沉入海中，才会心里安定，因为这意味着伊曼雅接受了礼品，并会将幸福和安定赐予人们。日落时分，献完祭品的船返回岸边，给海边等待的人们带回他们期盼的消息——海神伊曼雅已全部接受了祭品。人们皆大欢喜，载歌载舞，直到天明。

5. 北欧海神，传奇般的故事

濒临北冰洋的北欧地区，孕育

丹麦美人鱼像

了世人惊叹的北欧神话，如安徒生的童话。北欧的深海之神名叫埃吉尔，他是一个白发飘须的老人，有着非常瘦长的手,掌管海中的波涛。每当他到海面上时,便会追逐海船，把它们拉到水底的宫里。埃吉尔的妻子也是一名海神，她和埃吉尔一样贪婪而残忍，喜欢在海上暴风雨时撒网捕捉失事船只和亡者。临海而生的北欧人期待平静安宁的生活，他们一直敬畏海神埃吉尔及其妻子。除了这两位主要的海神,中世纪时，北欧人还相信一些有着鱼一样尾巴的海神。据说这些海神常常到陆上的乡村中游玩，她们坐在岸旁，梳着金色的或绿色的长发,弹着竖琴，非常美丽。甚至有些故事还讲到这些美人鱼变成了鹅或海鸥，把她们的羽衣留在沙滩上，如果有人捡到了，就可以娶海神美人鱼为妻子。

6. 笼罩王权光环的日本海神

日本是位于亚洲大陆东岸的太平洋岛国，四面环海，岛屿众多。与海相邻为伴的日本人，自然也信仰海神。据说，日本人信仰的海神身上笼罩着不一般的光芒，这是为什么呢？原来他们的海神信仰与王权有密切联系。关于山幸彦，日本民间有个神话故事。传说山幸彦钓鱼时，不巧被海中的大鱼拖跑了鱼钩。于是，山幸彦独自前往海神宫，希望找回鱼钩。在海神宫，山幸彦遇到了有鳄鱼身形的海神之女丰玉

毗卖，山幸彦最终与她结下了良缘。不久，丰玉毗卖生下一子叫鹈茸草茸不合命。鹈茸草茸不合命结婚后生了四个孩子，日本的首代天皇神武便是其中之一。所以，在这个神话中，日本天皇和他的母亲、祖母均和海神有着密切的关系，天皇即为大海之子。日本的《尘添壒囊钞》一书也说天皇是海神之子："应神天皇乃海神之子，故留有龙尾。"这句话不仅点明了日本海神与王权的关系，还暗示了日本海神是龙。龙神和龙王信仰在日本的确很流行，日本至今还有许多龙宫龙神故事。例如，日本志摩一带流传的海神中，最有权威的就是八大龙王。

龙王像

日本还有哪些海神

除了原始海神和龙王，日本的海神中还有众多地方神和渔业神。例如，渔民尊奉山幸彦为潮神；日本山形县，每年要祭祀鲑鱼之王；居住在日本海北端的女真族后裔至今还保留着逆戟鲸崇拜的祭祀活动，当地居民相信逆戟鲸是大海的主宰，只有向它祈求平安和祝福，人们才能过上安定的日子；日本下北半岛和津轻半岛把狐仙作为渔神，尤其在津轻地区，当地渔民对狐仙的信仰非常盛行。值得一提的是，日本冲绳一带渔民也供奉妈祖神像，妈祖是冲绳渔民的船神娘娘。另外，在日本许多寺院里都供奉着天后神。由此可见，源于中国的天后娘娘已东渡日本，成为日本岛民中影响广泛的海神之一。

海神之家——海洋的来历

地球上的水究竟是从哪里来的？讨论这个问题，实际上是讨论海洋形成的问题。在地球形成之前，宇宙间有许多小行星围绕着太阳旋转，行星彼此之间会相互撞击，原

始的地球就是在撞击下产生的一颗火球。地面到处是火山，布满滚烫的熔岩，天空中充满着从地球内部发出来浓密的水蒸气，形成地球早期的大气。

原始地球是一个很大的"火球"。在50亿～55亿年前，云状宇宙微粒和气态物质聚集在一起，形成了最初的地球。原始的地球，既无大气，也无海洋，是一个没有生命的世界。在地球形成后的最初几亿年里，由于地壳较薄，加上小天体不断轰击地球表面，地幔里的熔岩浆易于上涌喷出，因此，那时的地球到处是一片火海。在运动过程中逐渐冷却，地壳表面产生了一些皱褶；不断发生火山爆发和强烈地震，造成局部地区的地壳隆起或开裂。正是这些内、外因素的长期作用，形成了坑坑洼洼的地球表面，奠定了今日海、陆分布的大体地貌。

地球是一个高温实心的物体，在地球内高温、压力作用下，以火山喷发和地面溢出的形式将高温气体、岩浆、水蒸气及大量氯化钠等物体带入地表面和大气中。经过化合作用和阳光照射下分解，产生了一氧化碳、二氧化碳、氧、氮和水蒸气等物质，共同构成了最初的大气层。大气层中的水蒸气经过冷却凝聚成液态水，在地心的引力下，以降雨形式落到地面，滚烫的雨水持续降了几百万年，开始结存于地面洼处，不仅填满了所有的裂缝和

火山熔岩

鸿沟，而且覆盖了山地，甚至差不多整个南半球。千川万溪长期地汇集到大面积的原始洼地，在距今35亿年前的太古时代，逐渐形成了原始海洋。原始的海洋海水不多，约为今天海水量的1/10。另外，原始海洋的海水只是略带咸味，后来盐分才逐渐增多。经过水量和盐分的逐渐增加，以及地质历史的沧桑巨变，原始的海洋才逐渐形成如今的海洋。

还有一种说法认为，海水来自冰彗星雨。这是美国科学家提出的一种新的假说。这一理论是根据卫星提供的某些资料而得出的。1987年，科学家从卫星获得高清晰度的照片。在分析这些照片时，发现一些过去从未见到过的黑斑，或者说是“洞穴”。科学家认为，这些“洞穴”是冰彗星造成的。而且初步判断，冰彗星的直径多在20千米左右。大量的冰彗星进入地球大气层，可想而知，经过数亿年，或者更长的时间，地球表面会得到非常多的水，于是就形成今天的海洋。但是，这种理论也有它不足的地方。就是缺乏海洋在地球形成发育的机理过程，而且这方面的证据也很不充分。

那么，海洋到底是如何形成的，或者说，地球上的水究竟来自何方？只有当太阳系起源问题得到解决了，地球起源问题、地球上的海洋起源

火山喷发

深蓝的海洋

问题才能得到真正解决。

据美国1996年发射的卫星收集到的大量观测资料表明：宇宙中每天有几千枚重量达2万~4万千克的“宇宙雪球”，在运动过程和进入大气层后分解成了水汽，最后以降水形式落到地球。1983年，我国无锡地区曾降过一次“冰雨”，落下了许多小冰块。经过科学化验，惊人地发现它们竟是来自宇宙的陨冰，这就佐证了宇宙水也是积累海水的一个重要因素。

经水冲刷地壳和溶解地壳中的矿物质和盐类，海洋中的淡水逐渐溶解盐类而变成既咸又涩的海水。在10亿~15亿年前，海洋的体积和海水的盐度已接近现在海洋的特征。

海洋包裹着地球，表面积有3.6亿平方千米，占地球表面面积的71%，不管在哪个半球，海洋都是主体。所以，地球是一个名副其实的蓝色“水球”。

中外都有美人鱼

中国神话传说中的美人鱼是鱼尾人身的海中仙女，又叫“鲛人”。她常常浮出海面，在银色的月光下纺织银白色的龙纱。有一回，一个少年渔夫在南海捕鱼，美人鱼就化

儒艮

作一个美丽绝伦的少女与他相爱。可是，她因去不掉自己的鱼尾而无法与少年渔夫结婚，美人鱼为此伤心异常，总是暗暗流泪，她的眼泪化成了海里的珍珠。为了能与美人鱼结成夫妻，少年渔夫历尽千辛万苦,找来了世界上所有的奇花异草，酿成琼浆，洒在美人鱼的鱼尾上，终于使她变成了一个美丽的姑娘。从此，他们结成恩爱的夫妻，一直在海边过着幸福的生活。

关于美人鱼的传说最早见于公元前 19 世纪的古巴比伦王国，那时美人鱼被奉为神灵,并且是雄性的，名叫“奥尼斯”。他有着人的相貌，习惯戴一个鱼头形的帽子，披着鱼皮似的斗篷，常常在厄立特里亚古海上出现，教导人们学习艺术和科学知识。

中东古国的叙利亚人和腓力斯人也有关于美人鱼的传说，人们将其尊奉为月神美人鱼。这位雌性美人鱼名叫“阿塔佳提斯”，传说她生下的第一个孩子斯米拉米斯是一个缺乏神力的普通人，羞愧的她先杀死了情人，又抛弃了刚出生的孩子，自己完全成为鱼类。“阿塔佳提斯”是第一位被文字记录下的人鱼。

也许是安徒生童话中小人鱼公主的形象太动人了，人们对于“美人鱼”的真实身份充满了好奇与期待。但是科学家总是会打破人们美好的幻想，他们找到的“美人鱼”却是并不美丽的儒艮。

“江黄”是什么呢

你也许会猜这大概指的是长

美人鱼雕像

江和黄河吧。要真是这样理解的话，那可就闹笑话了。因为中国传说中的江黄，既不是指长江，也不是指黄河，而是传说中的神仙，又叫“海人鱼”。江黄生活在万顷波涛的东海里，身长2~3米，面如美丽端庄的女子，长着鱼一样的身子。有一次，有个叫陈惿的打鱼人，在海边放了一个大竹笼，等到海潮退了以后，发现竹笼内有个美女，赤身裸体地躺在沙中，既不能动弹，也不能说话，只是含泪望着周围的一切。别的人听说这件事以后，纷纷来看稀奇，轻薄的人还侮辱她。这天晚上，陈惿梦见竹笼中的女子，自称名叫江黄，因迷路而误落竹笼里，央求他不要移动竹笼，并发誓要报受辱之仇。天亮的时候，海潮又来了，被困在竹笼中的江黄，果然随潮水重返海洋。不久，那些曾经侮辱过江黄的人，都得

美人鱼雕塑

了一种叫不上名称、也无法医治的病而死掉了，只有陈悝健康地活着。

儒艮，别名人鱼、美人鱼、南海牛，是海洋中唯一的食草性的哺乳动物。一只普通的儒艮大约3米长，体重300~500千克，头小身大，尾巴像月牙，整个体型看起来就像一个纺锤。儒艮主要生活在热带海域，中国的广西北海、广东和台湾南部海域以及海南岛都有它的踪影。

儒艮喜欢潜伏在水下，但是它需要常常浮出水面换气，再加上它是喜欢安静的动物，习惯昼伏夜出，所以有很多航海者在夜晚会看到一个很像人的动物浮在海面，也许正因如此，才有了世代相传的美人鱼的故事。

古希腊也有关于海妖的传说。在传说中，海妖通常有着美丽的外表和非凡的音乐才能，能够用美妙的歌声和动听的琴声诱惑海上的水手，使船只触礁沉没。长久以来，人们习惯把她们等同于美人鱼，然而她们和美人鱼并不一样。直到发现公元前15世纪的一个绘有海妖画像的花瓶，人们才把谜底揭开，海妖们尽管也长着年轻女性的上半身，下半身却生有双翅和利爪，身躯像大鸟。海神波塞冬也常常被描述成半人半鱼的美人鱼的样子。

公元前9世纪前后的荷马史诗《奥德赛》中，第一次出现了关于美人鱼的文学描述。主人公奥德赛在航行中遇见了美人鱼，但是他无法生动地描绘出美人鱼的样子。

英国的民间传说对美人鱼有着非常生活化的描述，传说他们住在海底干燥的陆地上，都戴着保护他们不被溺死的魔帽，雌性美人鱼异常美丽，相反，雄性美人鱼却都是红鼻小眼，绿发青牙，酷爱喝白兰地。

在日耳曼的民间传说中，美人鱼也分为雌性和雄性，然而他们不像英国民间传说中的美人鱼那么亲切，据说他们非常奸诈凶险。雌性美人鱼常常把男子引诱到水中使其溺毙，而雄性美人鱼则会变成年迈的侏儒或者金发男孩引诱人类。在冰岛和瑞典的传说中，他们还会变成人首马身的样子，引诱人类骑到他们的背上，然后再冲进海里把人淹死。

随着科学的进一步发展，人们不再相信有关美人鱼的种种稀奇古怪的传说，而是开始寻找证明美人鱼存在或者不存在的科学依据，但是即使到了21世纪，这依然是一个争论不休的话题。直至今天，美人鱼的传说仍以古老而又神奇的魅力吸引着世人。

海洋是生命成长的摇篮

大约在 38 亿年前，地球在岩浆喷发、暴雨倾盆的剧痛中，在咆哮的海洋中，分娩出了最初的生命。生命在海洋里蔓延开来，它们爬上正在形成的陆地，又随着昆虫、鸟类飞上天空。生命的历史经历了地壳的缓慢变化和激烈动荡。它的生成离不开海洋和陆地的形成、地壳的隆起以及地形的侵蚀。有时，地理、气候、生态和遗传方面某些微小的变化也会对生命整体进程产生连锁反应。

海洋是生命的摇篮

可以毫不夸张地说，没有水就没有生命。水在组成生物体中，按重量讲是占首位的。水参与了生命物质的构成，是良好的溶剂，除少数蛋白质、脂肪、碳水化合物之外，大部分物质都溶解于水。而表现生命特征的各种新陈代谢过程，如吸收、排泄及一切生物化学反应，都需要在水溶液中才能进行。

1953 年，美国芝加哥大学的尤里·米勒突发奇想，在烧瓶里加满氨、甲烷、氢和沸水的混合物，然后，再加上高压电力，让烧瓶里产生耀眼电光，噼里啪啦的声音，以便模拟出大气放电对原始海洋的轰击，产生形成生命的最初的有机物质，从而奠立了生命来源于海洋的现代研究基础。

到了现代，许多研究者认为，米勒的实验有些哗众取宠，它并没有真正再现生命形成年代的实际环境。这个理论最有力的证据是地质学家的最新发现。他们从澳大利亚和南非 35 亿年前的岩石中，发现了古老的菌类。哈佛大学古生物学家安德鲁·科诺尔说，化石中这些菌类，与今天的标本相差无几。所以生命一定是在 35 亿年前形成的。然而，在 35 亿年前，大气中主要成分是二氧化碳和氮，而非甲烷和氨。“氨和甲烷在大气中从来没有占过优势。”宾州大学的大气科学家詹姆士·卡斯汀如是说。雷电也不再作为催化剂，据他认为，生命是在“冰箱”里形成的，不是在“沸腾的大锅”里诞生的。

40 亿年前，太阳光比现在弱

30%，地球上被这样苍白的阳光照射，海洋就会结冰。冰面虽然把大部分阳光反射掉，但却保证了冰面以下不再冰结。早期与生命有关的化学反应，可以在冰层下面的水中发生。每隔数百万年，就有一颗小行星或其他天体撞击地球，使冰融化，冰下层的生物才能看见天日。这个"冰箱说"的优点在于，当娇嫩的生命正在形成时，冰层为其提供了一个厚厚的保护层。另外，比较寒冷的环境也可以保证初生的有机分子活得长久一些。至于哪种说法更科学，可能还要一段时间的研究。

自从原始生命在海洋中诞生之后，荒凉死寂的地球别开生面，成了宇宙间的一颗明珠。但是，地球上的那些极简单的原始生命，发展成为今日"万类霜天竞自由"的生物界，经过了漫长的坎坷历程。海洋不仅孕育了原始生命，并且充当了生物成长与进化的摇篮。这是由于广漠的水域对初级生物有至关重要的作用。从本质上讲，包括人类在内的一切生物，都是由单个细胞组成的。

生命形成之初，当时的环境条件显然是相当恶劣的。地球上基本没有氧气，生物在缺氧的环境中生存。在原始大气层中，也没有现今存在着的能够吸收紫外线的臭氧层。从太阳上射出的紫外线，可长驱直入，一直射到地面和海面上来。

海底世界

链接

什么是紫外线

自然界的主要紫外线光源是太阳。太阳光透过大气层时波长短于290纳米的紫外线被大气层中的臭氧吸收掉。人工的紫外线光源有多种气体的电弧（如低压汞弧、高压汞弧），紫外线有化学作用能使照相底片感光，荧光作用强，日光灯、各种荧光灯和农业上用来诱杀害虫的黑光灯都是用紫外线激发荧光物质发光的。紫外线还可以防伪，紫外线还有生理作用，能杀菌、消毒、治疗皮肤病和软骨病等。紫外线的粒子性较强，能使各种金属产生光电效应。

在生命刚刚诞生之时，紫外线曾起过积极的"催生"作用。"世界上一切事物都具有两重性"，紫外线对已经出现的生命来说，却又具有严重的杀伤作用。值得庆幸的是，海水能够吸收、散射紫外线。深深的海水构成了防护紫外线的可靠屏障，保护了地球上最初的极其脆弱的幼小生命。

但是，海洋里长不出枝繁叶茂的青松、挺拔的白杨，也育不出形态机能更加高级的动物。在海洋中，永远长不成参天大树，鱼类也变不成翱翔空越岭的飞禽走兽，更谈不上人类的诞生。它们必须从动荡、流动的水中登上陆地才行。可是，要生物脱离海洋这种优越的环境而登陆发展，又谈何容易！只是在地球发展史上，由于海洋的沧桑之变，以及突然的灾难发生（如陨石击中地球），才会迫使生物离开海水登陆。登陆后，在与大自然、与地球、与自己种群之间斗争的过程中，逐步改变自己体内的结构，使生物各项器官适应已经变化了的环境。经过几十亿年的千回百折的历程，才演变成今日这个丰富多彩的生物世界。而人类的出现则是较近的事情。

海洋中的藻类

人体的海洋印记

有人说，十月怀胎，胎儿在母体中孕育的过程，是人类进化史的缩影。

在人类诞生前的漫长岁月里，

人类的祖先经历了无脊椎动物、鱼类、两栖类、爬行类和哺乳类的发展阶段，然后由哺乳动物的分支灵长类中的猿，进化到人类。

人体胚胎的发育，以极短暂的时间，再现了这个漫长的发展过程。

人的胚胎发育到大约1个月时，它的形状像鱼，四肢像鳍，颈两侧有鳃沟。

什么是鳍

鳍指鱼类和某些其他水生动物的类似翅或桨的附肢，起着推进、平衡及导向的作用。按其所在部位，可分为背鳍、臀鳍、尾鳍、胸鳍和腹鳍。

大约到2个月时，人的胚胎长出一条像两栖类和爬行类那样的尾巴，由10个左右的尾椎骨所组成。到3个月时才开始退化，剩下几个尾椎骨接合起来形成尾骨，以后被隐蔽在迅速成长起来的臀部折缝中，外表就看不到了。

到了5～6个月时，人的胚胎跟其他哺乳动物一样，除了手掌和脚掌外，浑身出现毛发。最初细而浓密，称为“胎毛”，7个月时最为发育。这些胎毛排列方式在一定

海洋的鱼群

程度上很像高等猿类，以后就开始脱落，逐渐被粗且稀疏的毛发所代替。胎毛绝大多数在出生前，或出生后不久就消失了。

我们知道，海洋是生命的摇篮，生命的“胚胎”是在海洋里孕育、演化的。人的胚胎的发育过程，同样也离不开“海洋”，这就是母体子宫里的羊水。人的胚胎漂浮在羊水上，犹如原始生命漂浮在海水中。胎儿从受精卵开始到离开母体前，一直是在子宫的“海洋”中游泳。这是生命源于海洋的标志。

人类的胚胎，在发育过程中，海洋留下的印记最明显的是“鳃裂”现象。鳃是鱼类在海洋中生活的重要器官。鱼类的鳃，一般生于头部两侧，外有鳃盖保护，以鳃裂与外界相通。鱼类通过鳃裂过滤水流中的空气，供自己呼吸。当总鳍鱼从海洋爬上陆地演变成两栖动物之后，鳃裂渐渐退化，到了爬行类动物时，鳃裂也就消失了。

解剖学家发现了一个惊人的事实：人的胚胎在早期发育阶段也有过鳃裂。这是偶然现象还是人类与鱼类有着悠久的亲缘关系？用生物进化论来解释，人类与鱼类一样，也是起源于水中，人类的远祖也曾有过可在水中呼吸的鳃。虽然在漫长的进化过程中鳃逐渐退化了，但仍在人的胚胎早期发育阶段留下了鳃的痕迹。

科学地说，不仅是人类，所有

鳃是鱼类的重要器官

的脊椎动物，包括两栖类、爬行类、鸟类和哺乳类，也都和鱼类一样，在胚胎的早期，在头后部的咽腔有着开向左右的裂隙——鳃裂，这是造鳃的初步表现。所不同的是，鱼类和两栖类的鳃裂发育为呼吸水流的通道，而爬行类、鸟类、哺乳类以及人类的鳃裂，产生不久即从胚胎中消失。

在胚胎早期出现的鳃裂，是脊椎动物同出一源的有力证据。这个"源"就是奇特浩瀚的海洋。而鳃裂就是脊椎动物以及人类身上留下的一种起源于海洋的共同印证。

古人类进化史中的"海猿说"

自古以来，人们就对人类的起源进行了无数的探索和求证，理论学说可谓众说纷纭，至今仍无定论。但在这众说之中，有一种学说颇使人感兴趣。有人认为，走出森林的地面猿，在成为行猎猿之前，曾经历过长期的水中生活。它们曾大批地栖海岸觅食，在那里，它们发现了比平原地带更丰富更理想的食物资源。起初，它们在浅滩或浅水中摸索，但渐渐游往深处，开始潜水找食。在此过程中，它们与其他回到海中的哺乳动物一样，褪去身上的毛层，只是因为头部露出水面，毛发才完好无损，以免遭日光照射。后来，它们的直立具备有足够的成效时，它们就走出海洋，进入广阔的原野，成为行猎猿。

什么是猿

猿类是指古人类之前的动物

的通称，[illegible]，虽然人们常把猿猴并称，在[illegible]方面，而猿有时也会被称作是猴，不过它们在生物学上是不同的动物，两者的主要区别在于猴有尾巴。[illegible]，从分类学上，人是猿的一种。早期猿类大约在2500万年前开始出现，现代小猿在1200万年前出现，猩猩则出现于1400万年前，大猩猩出现于700年前，人类和黑猩猩则在300万～600万年前出现。

这就是人类进化史上的“海猿说”。1960年，英国人类学家阿利斯特·哈代教授最先提出了这个轰动古人类学界的新奇学说。

起初，人们对哈代的观点持反对态度。但是，随着研究工作的不断深入，支持这一学说的人渐渐多起来。

法国医生米歇尔·奥登曾将人类和海豚、猿猴的某些行为做了对比，认为人类与猿猴之间的不同点很多，而大部分和水有关。

猿猴厌恶水，而人的婴儿几乎一出世就能游泳，妇女在水中分娩没有痛苦，而婴儿也喜欢水，并有游泳的本能。

猿猴不会流泪，而海豹和其他海洋哺乳动物会流泪，人类是唯一的会流眼泪的灵长类动物，这和人类过去在水中的经历有关。

和猿猴不同，人具有潜水反射

意识，会吃鱼。

猿猴无皮下脂肪，和人、海豚全然不同。人的躯体绝大部分是光滑的，和海洋哺乳动物相同。人的脊柱可以弯曲，和水中运动相适应，猿猴的脊柱是不能后伸的。

海豚也像人那样，由“接生婆”海豚用“手”迎接新生儿。这和猿猴不一样。

奥登还说：“各种宗教描述的天堂都离不开水。人们也都喜欢到海边去度假……如此种种，除了人类曾经有过在水中生活的经历，还有什么其他原因能说明水对人类有这么不可抗拒的吸引力呢？”

1983年，英国科学家戈顿和爱尔默在非洲阿玛塔等地，研究了和直立猿人化石一起出土的古代贝类，发现这些贝类都是生长在海洋深处的。他们认为，如果当时生活在这里的猿人不具备屏息潜水的本领，那么，它们是得不到这些贝类的。

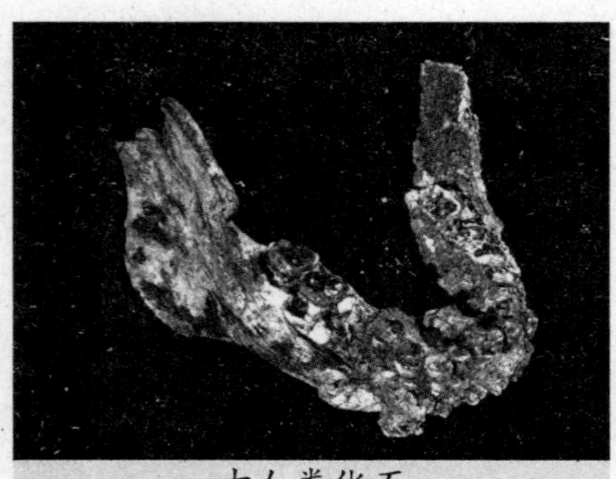
古人类化石

澳大利亚生物学家彼立克·丹通教授，在对人类和其他哺乳动物体内盐分平衡的生理机制进行研究时发现，在这方面，人类和陆生哺乳动物不同。陆生哺乳动物对自身盐分的需求量有着精确的感觉。因此，摄入盐分也极有分寸。而人类对盐分的需求量感觉不大，摄入量往往高于身体的需求。如在一些国家，人们的盐分摄入量竟然超过人体需求量的15～20倍以上。人类的这一生理机能竟与水兽相似。如果人类在进化过程中不曾经历过含盐丰富的海洋环境，而始终生活在缺盐的森林草地，那么人类自然会具备与其他陆生哺乳动物相似的对食盐需求的机制。丹通教授的这一发现，无疑支持了哈代的“海猿说”。

“海猿说”，是探索人类进化史的一个新学说，尽管目前还没有充分的证据确立这种学说的科学性，但是，这一学说，仍引起了人们的关注。这是因为，按照正统的人类进化理论，生活在距今1400万～800万年前的古猿是人类的远祖，而生活在距今400万～170万年前的南猿和生活在距今170万～20万年前的猿人则是人类的近祖。那么，这里就存在一个问题，古猿是怎样进化到南猿和猿人的？也就是说，在古猿之后，南猿之前这400万年的

漫长历史长河中，人类的祖先是什么样子的？这一时期的化石资料几乎是空白。所以，“海猿说”是一个大胆的探索。相信有朝一日，人类会对此做出科学的解释。

字字句句人与海

在中国汉字中，有一类汉字是由三点水“氵”组成，而且大都表示和水有一定的关系，“海”字就是其中之一。“海”字是什么意思呢？你当然会说是大海的意思，但这只说对了其中的一部分。其实，“海”字还表达了古人丰富的思想和认识。大家都知道，早在人类产生之前，海就在地球上存在很久了。古人创造的“海”这个字本身，十分形象地说明了海与人类存在着密切的关系。“海”字由“氵”和“每”组成，也有的人认为海字是由“氵”“人”和“母”组成，表示海是众水之母，且根据人由鱼进化而来的说法，表示海也是人类的母亲。后来人们发现陆地上的江、河、湖水都日夜不停向东奔流，又把“海”看作是大江大河最后的归宿，以此来表示海之大。《诗经·沔水》中就说“沔彼流水，朝宗于海”。《尚书·禹贡》也说“江汉朝宗于海”。到了汉代，“百川归海”更是被广泛使用。基于这种认识，中国古人又把“海”称之为“天池”“巨海”“大壑”“巨壑”“百谷王”“无底”等，用“海”表示大、多的意思。如“夸下海口”表示说大话，把大碗称作“海碗”，能喝酒叫“海量”，甚至表示人多也用“人海”等。由于古人常常目睹海洋朝夕涨落的变化，所以古人又把大海称为“朝夕池”。由于从大陆的河流中不断有泥沙和秽物流入海中，古人还把海叫作“晦”，如东汉刘熙在《释名·释水》中就说：“海，晦也，主承秽浊，其水黑而晦也。”另外，在中国古代，也把一些大湖称作“海”，如汉朝时的“北海”（今天贝加尔湖）、北京的北海公园和中南海中的“海”，都是这个意思。

无边无际的大海

知识链接

“海纳百川”

这句成语包含哪些道理

“海纳百川”……大海……涓涓细流，才成为无边无际、浩瀚的大海。因此，人们用“海纳百川”来形容大海，它可以指一个人胸怀博大，能容万物，处事宽宏大度。人们常说做人要有海一样的胸怀，就是这个意思。它也可以比喻指出个人、一个团体要有谦虚的品格，要有不断学习的愿望，才能使众水流入自己的怀抱。它还有珍惜人才、广纳贤良的含义，无论巨川还是细流，兼收并蓄，这样才能人才济济，兴旺发达。比如说，我们在学习方面要积土成多，才能知识渊博，学有所成。

大海在中国古代作家心中，一直是一个神秘的地方。小河小溪，下雨则涨，遇旱则枯。为什么海水却永远既不涨也不干涸呢？对此，中国古代作家做出了种种不同的猜测、回答。一个叫庄周的人，在他的《庄子·秋水》中说，天下江河的水流到海里，大海之所以不满溢，是因为海水下面有一个叫尾闾的地方又把海水排走了，所以海水永远也不会满。战国时期的大诗人屈原也有许多问题不明白，就写了一篇《天问》，向老天一口气提出了170多个问题，其中也提到了这个问题。他问老天：大地究竟放在什么上面，日月为什么那样……百川东流而海水为什么不满溢？对此，东晋时代的何承天（370—447）解释说，这是因为百川归海，但由大海水蒸发，故不见增多。唐代的大文学家柳宗元写了一篇《天对》回答了屈原的疑问，大意是说河水东流归大海，海水蒸腾为云向西回大陆，又降而为雨落到地上，地面土壤空隙中的水有的蒸发，有的渗下，土壤饱和后又形成水流流到海里，这样循环往复，永不休止，海水也就既不会溢满也不会枯竭。大海会枯竭吗？岩石会烂掉吗？现代科学证实，海可枯，石可烂，世界上没有永远不变的事物。但是，人生不过百年，谁也不可能在有生之年亲眼看到面前的大海“枯”成一片荒泥，谁也不能看见顽石“烂”成一堆沙土。山海变化的漫长，与人生的短暂易逝对比，真是太悬殊了！因此，在人们心中，山与海，石与海，仍是世界上永恒不变的东西。所以古人在比喻决心的坚定和感情尤其是爱情的专一时，往往会

南山、岩石、大海作参照物，对山、海、磐石发誓立誓。"海枯石烂"就是要[illegible]海水干枯、石头腐烂之[illegible]，多用于男女誓言之间，表示忠于爱情，意志坚定，永不变心。

链接资料

《天问》提到
哪些海洋现象和传说故事

《天问》是屈原创作的一首长诗，他在诗中对天地自然的困惑提出一个个疑问[illegible]，其中涉及许多有关海洋的现象和传说故事，如"[illegible]"[illegible]

[illegible]能灌满这水的海？江河又是怎么会流向大海[illegible]等，这些问题说明[illegible]代表了当时人们对海洋奥秘的认识与思索。

"沧海横流"的深刻寓意

1963年元旦，大诗人郭沫若写了首《满江红》词呈送给毛泽东主席，词的开头两句便是"沧海横流，方显出英雄本色"。"沧海横流"有什么深刻的寓意呢？这句四字成语意思是指海水四处奔流，或指大陆洪水泛滥，用以比喻天下大乱，到处动荡不安。语源出自东晋范宁的《春秋谷梁传序》中说，[illegible]孔子睹沧海之横流而[illegible]慨然

波澜壮阔的大海

不存在了，那么仁义道德文章又在哪里呢？”《晋书》还记载了一个叫王尼的人，特别有意思。王尼生于战乱年代，到处避乱。他媳妇早死，只有一个儿子。父子俩没房子住，只有一头牛和一辆车。逃难时，白天儿子就赶着车到处躲，晚上父子俩就住在车上。王尼因此常常叹息说：“沧海横流，处处不安也。”南宋大诗人陆游在《秦皇酒翁下垂钓偶赋》诗也写有“沧海横流何日定，古人复起欲谁归”这样的诗句。1918年，毛泽东在《七古·送纵宇一郎东行》诗中用“沧海横流安足虑，世事纷纭从君理”这样豪迈万千的诗句，表示了诗人治世济民的雄心壮志。与“沧海横流”意思相反的成语有“海不波溢”“海不扬波”“河清海晏”等。

“曾经沧海”的来历

这句名言最早出于《孟子·尽心上》：“孔子登东山而小鲁，登泰山而小天下。故观于海者难为水，游于圣人之门者难为言。”意思是说，孔老夫子登上东山，便觉得鲁国小了；登上了（比东山高的）泰山，便觉得天下小了。所以，一个人观看了大海之后，别的水就都没有值得看的了；一个人到圣门里求经学道后，对别家的言论也就感到没有吸引力了。孟子是把孔子创立的儒

家学说比作“大海”，除此之外的各家学说都不过是“小水”而已，是不值一说的。那么，又是谁把“观于海者难为水”改成“曾经沧海难为水”的呢？这要归功于唐代和白居易齐名的诗人元稹，他在《离思五首》中写了“曾经沧海难为水，除却巫山不是云”的名句。后来人们把这句诗概括成“曾经沧海”收入辞书。辞书对它的解释是：比喻经历过大的场面，眼界开阔，不把平常的事物放在眼里。

“沧海桑田”的典故

“沧海”是大海的意思，因海水呈青色而得名，古人有时也以“沧海”专指东海。“桑田”就是植桑的土地，泛指农田和陆地。沧海变桑田，桑田变沧海，常用来喻指世事变化很大，有时也指这种变化尽管极长，给人的感觉却很快。“沧海桑田”这个海洋成语的典故是怎么来的呢？这里边有一个美丽的神话传说。晋代有个叫葛洪的人写了一部书叫《神仙传》，其中的“王远篇”中说，一个叫王远字方平的人，是东汉桓帝时期住在东海的一位仙人。有一次，他降临到一个叫蔡经的人家里，召年轻美貌的女仙人麻姑前来会面。麻姑来到东阳蔡经家，说自从和蔡经（王远变成的人）相识交往以来，自己曾经三次看见东

巨浪滚滚的大海

海变为桑田。而不久她又去了蓬莱仙岛，见海水比以往更浅，大海也许还要变成平地。蔡经笑着回答说：“圣人也都说大海将干涸成陆地。”蔡经一边说，一边打量麻姑的手指，觉得麻姑的手指像鸟爪一样纤细，心想若拿来挠背一定很舒服。不料他的心思被麻姑识破，麻姑大怒，立刻让他扑地而死。“沧海桑田”即由此而来，并且还用来比喻人世间的巨大变化及时光的流逝。许多诗人在诗中运用了这个典故，比如唐代诗人白居易在《浪淘沙》中有：“白浪茫茫与海连，平沙浩浩四无边。暮去朝来淘不住，遂令东海变桑田。”同是唐朝诗人李商隐也曾写道：“从来系日乏长绳，水去云回恨不胜。欲就麻姑买沧海，一杯春露冷如冰。”毛泽东的“天若有情天亦老，人间正道是沧桑”更是家喻户晓的名句。

老子是怎样赞美大海的

春秋时的老子在他的《老子》一书中，对大海表示了无比的赞美。他说：“江海所以能为百谷王者，以其善下之，故能为百谷王。”这是什么意思呢？就是大海之所以能够成为众多小溪细流的归宿之所，是因为大海善于对待处于低于自己的地方，因此成为它们的归宿。老子这句话，就是对大海的由衷赞

[illegible]

"海誓山盟"——爱情的誓言

西汉时期，有一首非常著名的乐府诗歌，题目叫《上邪》，意思是"天啊！"是什么让人发出这样大的感慨呢？原来，这是一个女子对自己所钟爱的男子表示忠贞时的誓言。她是怎样表示自己的爱情忠贞的呢？她说："上邪！我欲与君相知，长命无绝衰。山无陵，江水为竭，冬雷震震，夏雨雪，天地合，乃敢与君绝！"在这里，这个女子一连列举了五个方面来形容自己的决心：到了高山变为平地，大江大河的水完全枯竭，寒冷的冬天响起春雷，骄阳如火的夏天飘起鹅毛大雪，天与地合在一块，只有出现这些情况，我才敢同你断绝恩爱之情，否则，就永远不会改变我对你的爱。在诗中，这个女子用高山、江河、天地、雷、雪等不可能出现的事实来表示自己的决心，后人就用"海誓山盟"来概括它，意思是指山盟海誓，对山对海立盟誓，取其长久、永远不变的含义，多用于青年男女之间互相表露心迹，订立婚约，彼此忠贞不渝、至死不变的情爱场合。

惊涛骇浪

诗为海狂

1.《观沧海》与曹操的天地雄心

东临碣石，以观沧海。水何澹澹，山岛竦峙。

树木丛生，百草丰茂。秋风萧瑟，洪波涌起。

日月之行，若出其中。星汉灿烂，若出其里。

幸甚至哉，歌以咏志。

——《观沧海》

说起曹操，许多人都会认定他是阴狠狡诈的乱世枭雄，其实，历史上的曹操是一名杰出的政治家和军事家。当年，在汉末群雄逐鹿中原的时候，他从一个没有多大家族势力的中小地主白手起家，讨黄巾，伐董卓，诛吕布，灭袁绍，兴修水利，分兵屯田，逐步统一了中国北方大部分地区，打下了三分天下的基业。曹操死后，其子曹丕在其创建的霸业基础上改汉建魏，并追封他为魏武帝。

魏太祖曹操画像

曹操还是一位文学家。他精通诗文，常在行军途中博览群书，作品多有流传。曹诗深受乐府民歌的影响，常用乐府旧题旧调来表现新的内容，或反映当时的社会现实，或抒发个人的政治抱负，或表达自己的苦闷情怀。其诗作大都语言质朴，气魄雄伟，格调慷慨悲凉。后人将他与其子曹丕、曹植并称“三曹”，是建安文学的主要代表人物。

建安十二年（207年），曹操率军击溃乌丸，取得北方战争的决定性胜利，初步实现了他统一北方的愿望，为其南下征伐安定了后方。《观沧海》这首诗就是他在北征乌丸途中，行军经过碣石而作。曹操登临碣石，遥想当年秦皇汉武开一代基业，也都曾于此登高望海，加之秋风苍劲，观海而情溢于海，于是有了这篇不朽的诗作。

品读此诗，曹操之沉雄气概与天地雄心真切可感。当年曹操荡尽残敌，一统北方，在山顶驻马远望，浩瀚缥缈的大海尽收眼底，一座座海岛耸立在这片汪洋之中。远远望去，海岛上树木丛生，百草丰茂，一派生机盎然。霎时间，秋风萧瑟而至，在海上惊起滔天巨浪，这波澜壮阔的气势激发起曹操一统河山的雄心壮志。

诗人展开奇特的想象，写到日月星辰的运行变换，仿佛都是由这方沧海吞吐，整条灿烂的银河，仿佛在大海的胸中流淌。从中我们可以看出曹操意气风发、踌躇满志、立志统一国家的远大抱负和宽广胸襟，真可谓读诗如见其人。

浩瀚缥缈的大海

曹植的《远游篇》
描写了怎样的景象

远游临四海，俯仰观洪波。
大鱼若曲陵，承浪相经过。
灵鳌戴方丈，神岳俨嵯峨。
仙人翔其隅，玉女戏其阿。
琼蕊可疗饥，仰首吸朝霞。
昆仑本吾宅，中州非我家。
将归谒东父，一举超流沙。
鼓翼舞时风，长啸激清歌。
金石固易敝，日月同光华。
齐年与天地，万乘安足多。

群星灿烂的盛唐时代，最耀眼的当属诗仙李白。他从小博览群书，一生“好入名山游”，足迹遍布祖国的大江南北。他以青山为笔，绿水为墨，美酒为魂，用浪漫的言语书写着独特的人生传奇。他的壮志豪情、超迈气魄全部融入了那些俊逸飞扬、雄浑壮美的诗篇中。

李白对大海可谓情有独钟。在他的海洋诗歌中，我们常常能够聆听到海浪的鼓荡之声，在诗句中可以随他一起仙游海上蓬莱。他用珍珠般的语言，或直接描绘海洋盛景，或援引海洋典故，或抒愤感怀，借瀚海以言志，感情丰富，内容多样，大大丰富了唐代海洋诗歌的内容。

2. 李白的写海名句

长风破浪会有时，直挂云帆济沧海。

——《行路难》

海客谈瀛洲，烟涛微茫信难求。

——《梦游天姥吟留别》

人乘海上月，帆落湖中天。

——《寻阳送弟昌峒鄱阳司马作》

仙人有待乘黄鹤，海客无心随白鸥。

——《江上吟》

连弩射海鱼，长鲸正崔嵬。
额鼻象五岳，扬波喷云雷。
鬐鬣蔽青天，何由睹蓬莱。

李白画像

徐市载秦女，楼船几时回？

——《古风五十九首·其三》

总结李白一生，我们发现其实他就是一位独自泛舟海上的“海客”，在海中“吹笙吟松风，泛瑟窥海月”。海月静美、孤高、绝俗，正与诗人傲岸高洁的品格完美契合。海客乘着天风，将船远行，“譬如云中鸟，一去无踪迹”。他追求自己的理想，怒斥社会的黑暗，高歌自己的壮志雄心，却又不得不悲叹自己的怀才不遇。自己泛舟游于这片浩瀚无涯的沧海之上，书写着诗一般的浪漫人生。

3. 李清照的《渔家傲》与辛弃疾的《木兰花慢》

天接云涛连晓雾，星河欲转千帆舞。仿佛梦魂归帝所，闻天语，殷勤问我归何处。我报路长嗟日暮，学诗谩有惊人句。九万里风鹏正举。风休住，蓬舟吹取三山去！

——《渔家傲》

此词描绘了一幅海天一色的壮丽之景，意境阔大，气势磅礴，与李清照以往的婉约词大不相同，因此后人点评此词说不像女子之词，大有苏辛词派的作风。作者在词中想象出看似虚无缥缈的梦境，但也融入了自身真实的生活感受。在历经生命的离乱与动荡之后，作者飘零无依，希望能借助万里鹏风把自己带到海外仙境中去，表达了乱世之中人们渴望结束颠沛流离生活的愿望。

可怜今夕月，向何处，去悠悠？是别有人间，那边才见，光影东头？是天外空汗漫，但长风浩浩送中秋？飞镜无根谁系？姮娥不嫁谁留？谓经海底问无由，恍惚使人愁。怕万里长鲸，纵横触破，玉殿琼楼。虾蟆故堪浴水，问云何玉兔解沉浮？若道都齐无恙，云何渐渐如钩？

——《木兰花慢》

当年普希金南下流放时，有一位年轻将军[illegible]，不幸遭到[illegible]。[illegible]或隐居田园，或参与起义。这位将军就是[illegible]一代英雄人物[illegible]。

普希金[illegible]

4. 献给自由的诗篇

再见吧，大海！我永远不会忘记你庄严的容光，我将长久地，长久地倾听你在黄昏时分的轰响。我整个心灵充满了你，我要把你的峭岩、你的海湾、你的闪光、你的阴影，还有絮语的波浪，带进森林，带到那寂静的荒漠之乡。

——《致大海》

青年时期的普希金受欧洲进步的自由思想的影响，写了一些具有强烈的反专制色彩的"自由诗"，这引起了沙皇亚历山大一世的不满，决定将他流放到遥远的西伯利亚。后经他的老师帮助，才被"开恩"流放到俄国南方。在南方的四年，他与海为伴，孤独的心境使他开始向人生更深远的地方探索，写出了许多富有激情和战斗精神的诗篇。

普希金的诗句，仿佛是从心中自然流淌出来，表现出强烈的情感和博大开阔的胸怀，这在他描写海洋的诗作中尤为明显。面对自由奔放的大海，普希金的内心总是涌动着难以平静的激情，他与大海之间存在着一种精神上的交流，[illegible]。

在《致大海》（1824）中，大海就是他相知多年的朋友，在即将离开的时候，他特意来到海边倾诉衷肠，诉说内心的热情。现实生活中的普希金此时正处于流放中，但流放的残酷并未让他屈服，他依旧与[illegible]抗争专制的统治，沙皇政府又下令将其押送到他父母的领地米哈伊洛夫斯克村幽禁起来。《致大海》这首诗就是他在被迫离开敖德萨时写的，其内心的悲愤可想而知。

在对自由的歌颂中，普希金把

普希金雕像

起了两个现实中的人，一个是政界的杰出人物拿破仑，另一个是为自由而战的诗人拜伦。拿破仑曾将法国民主主义的思想传播到整个欧洲，死后被葬在圣·海伦娜岛；而拜伦一生崇尚自由，投身于希腊的民族解放运动中，从不为威严屈服投降。遗憾的是，世界已经被暴君守卫，自由的盗火者或孤独离世，或英年早逝，普希金为他们痛哭，同时也在为自己痛哭。全诗在悲哭与沉思之中，在诗人的现实处境与历史的交叉中，塑造了一幅自由的圣像——大海。

再见吧，自由奔放的大海！
这是你最后一次在我的眼前，
翻滚着蔚蓝色的波浪，
和闪耀着娇美的容光。
好像是朋友的忧郁的怨诉，
好像是他在临别时的呼唤，
我最后一次在倾听
你悲哀的喧响，你召唤的喧响。

你是我心灵的愿望之所在呀！
我时常沿着你的岸旁，
一个人静悄悄地、茫然地徘徊，
还因为那个隐秘的愿望而苦恼心伤！
我多么热爱你的回音，
热爱你阴沉的声调，你的深渊的音响，
还有那黄昏时分的寂静，
和那反复无常的激情！

——《致大海》（节选）

献给海洋的音乐赞歌

1.《罗马四名泉》献给特里同谱写的赞歌

意大利的罗马是一座被华丽喷泉装饰的古老世界名城，号称“罗马四名泉”的四座喷泉中的特里同喷泉和特莱维喷泉，都雕刻有海神的形象。意大利作曲家莱斯庇基的代表作《罗马四名泉》，就是专门为海神特里同谱写的赞歌。这主要体现在音乐的第二、三部分。这部音乐的第二部分名叫《清晨的

特里同喷泉》。特里同是海神波塞冬的儿子，也是一位小海神。他长得人首鱼尾，绿发蓝眼，遍体的鳞片闪着耀眼的光芒。特里同的一只手像他父亲海神波塞冬那样握着三叉戟，另一只手则高举着一只能够呼风唤雨的神奇的大海螺。这段音乐开始时，欢快嘹亮的圆号从整个乐队快速的节奏中脱颖而出，仿佛海神特里同和水神纳伊耶多出现在清泉旁一样。在圆号、木管、竖琴的合鸣中，海神和水神们的欢呼声、叫喊声、追逐嬉戏声，响成一片，歌声舞姿令人欢快愉悦。接着，乐曲进入第三部分，也就是《正午的特莱维喷泉》。在铜管乐辉煌的奏鸣中，音乐由欢快转为庄严，就像中午的阳光照耀着海面一样。海神特里同再次出现，低音弦乐奏出波光摇曳的情景，英国管和大管则以庄严的形式吹奏着海神的主题，仿佛海神特里同携着海仙女们，乘坐金马车正驶过海面，逐渐远去。莱斯庇基创造的丰富的海神音乐形象，充满浪漫乐观情绪，充分表现了作曲家和当时的人们对海洋生活的某种理解和向往。

你知道吗

《创世纪》是怎样讴歌海洋的？

在1796年—1798年间，著名交响乐和四重奏大师海顿完成了对清唱剧《创世纪》的谱曲。《创世纪》是剧作家莱徒雷根据弥尔顿的名著《失乐园》的第三章改编而成。剧本叙述的是上帝如何创造天地万物，如何创造海洋的故事。音乐家海顿以一种光明、欢乐的基调，充分运用音乐的描写性段落，展开丰富的想象，发挥其单纯质朴、和谐流畅的艺术

古建筑罗马斗兽场

风格，充满感情地赞美大自然的[illegible]

[illegible]

2. 莫扎特与他的海洋名著

莫扎特（1756—1791）是著[illegible]名的音乐大师，著有《[illegible]曲》，乐曲一开始[illegible][illegible]

[illegible]使人宛若听到深山古[illegible]，令人浮想入境，心旷神怡。

[illegible]在他的一生创作中，[illegible]主要有两部[illegible]，也就是交响诗《岩石》[illegible]是借英国诗人[illegible]的诗意创作的[illegible]《小岛》[illegible]作品不同，拉赫玛尼诺夫在《小岛》这首[illegible]曲子中[illegible]一个“静”字，表现了海[illegible]温柔静谧的迷人魅力。[illegible]海风徐徐，流云缓缓[illegible]，使人们仿佛进入到一[illegible]自然之中，给人以[illegible]的艺术享受。

[illegible]

3. 拉赫玛尼诺夫与他的海洋音乐作品

拉赫玛尼诺夫是19世纪末[illegible]俄国著名的作曲家，在他众多的作品中，也有一些是以海洋为表现内容的，同以[illegible]

海岸边美丽的浪花

4. 西贝柳斯的海洋音乐代表作

西贝柳斯（1865—1957）是芬兰著名作曲家，他15岁的时候开始学习小提琴。那时，他经常到海边去练琴，大海的涛声和海的气息深深地印在他的脑海中，并表现为一种深沉的对于家乡和大海的眷恋。25年以后，西贝柳斯创作了他海洋音乐的代表性作品，这就是《D小调小提琴协奏曲》。这首乐曲的第一乐章，就像一幅芬兰北部海岛的风景画。在这由音符绘就的音乐画面上，天空阴暗，暮色降临，远处时断时续地传来一阵阵海浪拍岸的声音，一位远方的行吟歌手在岸边点起篝火，在火光的映照下，和着海水的涛声，唱着流浪者苍凉的歌。乐曲第二乐章的场景也是在海边，那是作者对自己童年生活的回忆。在快速的终乐章，西贝柳斯仿佛又回到了15岁的少年时代，在用琴声倾吐着自己对家乡和大海的感情，和大海这位人类的母亲交流着内心的秘密。正因为如此，西贝柳斯的《D小调小提琴协奏曲》成为世界海洋音乐中一首海洋名曲。

5.《蓝色多瑙河圆舞曲》的华美诞生

世界音乐作品中，有一首海洋题材音乐作品，从它诞生那一刻起，就被人们喜爱和到处传唱，而且从圆舞曲到钢琴曲、口琴独奏曲和管弦乐曲，不断地被加以改编，这就是脍炙人口的世界著名海洋名曲《乘风破浪圆舞曲》，曲作者是墨西哥青年音乐家罗萨斯（1868—1894）。说起这首名曲的诞生，实在是非常有趣。那是在1891年的夏天，23岁的罗萨斯耐不住酷热的煎熬，就和伙伴们去马格达莱河游泳。凉爽的河水冲刷掉了身上的暑意，使罗萨斯感到无比清爽，精神不禁为之一振。仰卧在岸边的水中，任河水温柔地轻拂过身体，耳边倾听着流淌的河水发出的潺潺水声，心旷神怡的罗萨斯无意间哼出一串无比美妙动听的音乐旋律。他的朋友们听到后，都被这音乐声惊呆了，催促着罗萨斯赶快写出来。受到朋友们的鼓舞，罗萨斯凭着惊人的记忆力和超人的音乐天赋，把这串旋律发展成一首圆舞曲，并给它取名叫《在泉水旁》。当罗萨斯重新把这首曲子完整地演奏给朋友们听时，朋友们完全被迷住了，他的一位诗人朋友认为这支曲子不只属于泉水的清流，它仿佛让人们看到了一只航船正迎着风、张满帆，在波涛起伏的辽阔海面上疾驶而来，浩瀚海洋的宽广气势和航海无忧无虑、自由自在的浪漫情调，交相回荡在其间，好像人们正迎风站在船头一般。朋友们于是建议罗萨斯将曲名改为《乘风破浪圆舞曲》。罗萨斯高兴地接受了朋友们的建议。可是，此时的罗萨斯已经是贫困交加，他不得不以17戈比的代价将曲谱卖掉，而且不久以后，罗萨斯本人也在贫病中过早地离开了人间。后来，这首《乘风破浪圆舞曲》广为传唱，这也许是人们对罗萨斯最美好的怀念吧！

波澜起伏的辽阔海面

哪些国家的国歌中写有海洋的内容

最著名的可能要属丹麦的国歌了，丹麦的国歌叫《克里斯蒂安国王挺立在高高的桅杆旁》。那是在1644年7月1日，瑞典海军入侵丹麦，丹麦国王克里斯蒂安四世亲自指挥丹麦海军迎战，在今天波兰北部波罗的海沿岸城市科尔堡附近，彻底打败了入侵的瑞典海军。为了纪念这一伟大的胜利，人们后来就把丹麦剧作家埃瓦尔德的名剧《渔夫》中的一段唱词，定为丹麦的国歌。歌中唱道："克里斯蒂安国王挺立在高高的桅杆旁，烟雾迷茫，急挥宝剑砍在哥德人的船舵和脑袋上，敌舰纷纷葬身海洋……你使丹麦繁荣富强。啊，蔚蓝的大海，大敌当前要严阵以待，轻蔑足以招祸害。你奔腾咆哮意气骄，啊，蔚蓝的大海。"除此以外，巴拿马、秘鲁、圭亚那、洪都拉斯、特立尼达和多巴哥、智利等国家的国歌中，都对大海进行了描绘、讴歌和赞美，大海成了这些国家国歌中最有生命力的精神象征和民族性格的象征。

6. 肖邦与《C大调夜曲》

肖邦（1810—1849）是波兰著名作曲家,在他短暂的生命历程中，写了许多闻名世界的名曲，其中的《C大调夜曲》就是肖邦众多音乐作品中以海洋为题材的最著名的一部乐曲。这部音乐作品是怎样被创作出来的呢？那是在1839年2月的一个夜晚，肖邦和法国女作家乔治·桑在结束了瓦尔德莫萨修道院中的苦难生活之后，登上了一艘从西班牙马略卡岛驶往法国的海船。轮船在大海中静静地前行，肖邦和乔治·桑依偎在船舱中，温情脉脉地注视着星光下的大海，仔细聆听着二月的海浪流过船体的声响。忽然，一串轻柔的歌声传入肖邦敏感的耳朵之中。原来，这是轮船舵手无意间的自由哼唱。然而，这段质朴无华、略带沙哑的歌声，在肖邦听来却是那么美妙动听，病弱的肖邦内心蕴含着的灵感被猛然点亮，他立刻拿出笔和乐谱纸，就在飘摇的简陋船舱中，一串串音符像奔腾不息的海水一样，喷涌而至，肖邦就是在这样的条件下，创作出了世界海洋名曲《C大调夜曲》。乐曲先以摇曳的旋律音型在低音区的起伏，衬托出海船正乘风破浪航行的情形；而高音区丰富的和声又描绘出月光下面闪烁不定的波光水影。

[illegible]

此时，出现了水手纯朴动人的歌声，这歌声反复回环咏唱，与航船的旋律交相呼应，直到航船渐行渐远时，水手的歌声仿佛还在海天之间飘荡萦绕。整个音乐给人一种略带伤感的诗一般的意境和韵味，经久不散，令人回味无穷。

有爱有恨故事中

1. 李渔的《蜃中楼》

境成生世事，且看蜃楼幽。

——《蜃中楼》

柳子龙妻，张生凤侣，两人文合同居，看龙宫二女，原牌笺盟。忽遇仙人接引，会肖处，四偶相俱。遭恶叔，拗凌龙女，别许豚夫，推呼。不惜泠仃，甘牧羊堤上，贬作佣奴。幸多情泣遇，潜托传书，露痕曲。最缘终圆，遇神仙，刚授奇谋，一见龙，计穷煮海，献出双妹。

潮洋书生柳毅与张羽是好友，二人都才气过人，尚未娶妻。为觅得意中人，二人外出寻游。洞庭龙王去东海为兄长东海龙王祝寿，把女儿舜华与兄弟钱塘君同行。舜华在东海见到了东海龙王之女琼莲，堂姐妹俩回避龙宫喧嚣，跑往东海边游玩。东海龙王便命虾兵蟹将吐气吐雾，在海上结成一座海市蜃楼供两姐妹游玩。适巧柳毅

[illegible]好友[illegible]到东海[illegible]，[illegible]上[illegible]游[illegible]。二女[illegible]上[illegible]，[illegible]一[illegible]，[illegible]之[illegible]，[illegible]给[illegible]，[illegible]人[illegible]，[illegible]，[illegible]已[illegible]女[illegible]，[illegible]小龙[illegible]，[illegible]。张羽[illegible]二女[illegible]，[illegible]二人[illegible]，[illegible]张二人参加科举考试，都中了进士；柳毅迎合[illegible]间时遇到了牧羊女娥华，并为其送信后前往洞庭龙宫报信，[illegible]，就[illegible]代他前往[illegible]后[illegible]大怒，率水兵大[illegible]小龙，将娥华救回，并向[illegible]，娥华二人成婚。张羽不从，在东华上仙的帮助下来到东海之滨的沙门岛，用银锅煮海水，[illegible]海水沸腾[illegible]，令东海龙王坐立不安，只得交出娥华和琼莲，让她们分别与柳毅和张羽完婚。

《蜃中楼》是由哪个故事演化而来的

唐代李朝威的传奇小说《柳毅传》中形成之后，历来为人们所喜爱，柳毅的见义勇为、龙女的温柔贤淑以及钱塘君的爱恨分明都给人留下了深刻印象，以至于后来不断有人改编。清代大戏剧家李渔，改编了柳毅传，而且融入了元代杂剧张生煮海的情节，综合而成《蜃中楼》。

柳毅、张生和两位龙女本就是天造地设的才子佳人，经历了千辛万苦，方得到大团圆的结局。故事情节跌宕起伏，情感真挚热烈，人物形象鲜明，龙女早已摆脱了神仙的超凡脱俗而拥有了凡人的喜怒哀乐。这是那个时代人们内心的一种渴望，也是千百年来柳毅故事发展的一个必然，中国古代海洋文学终于有了一种实实在在的生活气息，更加贴近人们的现实生活。

2. 你是我逃不过去的劫——奥尼尔与他的航海戏剧

我作为一个剧作家的真正起点，是在我离开学院和置身于海员中开始的。

——尤金·奥尼尔

作为美国现代戏剧的奠基人，尤金·奥尼尔的戏剧之路是从海洋开始的。他从小就跟随家人走南闯北，在他的印象里，童年生活就是肮脏的旅馆和火车站。这段居无定所的生活使奥尼尔与家人产生了难以言说的隔膜，也成为他日后探究人与人、人与命运之间关系的出发点。1906年，奥尼尔考上了普林斯顿大学，但才上了一年就被校方开除了。此后，奥尼尔又开始了漂泊生涯。他先是与人去南美洲的洪都拉斯淘金，后来又在杰克·伦敦、康拉德等人的海洋冒险小说的影响下，作为一名水手登上了驶往布宜诺斯艾利斯的帆船。这段海上冒险生活给奥尼尔提供了许多写作的素材，从真实生活中得来的思考使奥尼尔的航海剧作充满了更多的诗意，更多对梦想求而不得的痛苦和永不回头的激情。他笔下的大海不再是冷漠无情的世界，而是自由的精神家园。

古老帆船

奥尼尔创作了大量的海洋戏剧作品，主要有《东航加迪夫》(1916)、《遥远的归途》(1917)、《天边外》(1918)、《安娜·克里斯蒂》(1921)等。

《天边外》是奥尼尔航海戏剧的代表作，作品借海上和陆地生活的对比，延续了其航海戏剧中一贯的对人在现实和理想间无法统一的人生悲剧的探讨。剧本的开篇，主人公罗伯特就在看一首诗：

我爱上了风光和明亮的大海……

然而，那在冥冥中一直呼唤他的大海竟成了他永远也无法到达的地方。他本来已经决定和舅舅一起出海，在离别前夕，他向哥哥安德鲁也喜欢的女孩露丝表明了自己的爱意。谁知露丝对他也一往情深，并且请求他留下来，和她一起过农庄生活。爱情的幸福淹没了他对远方的渴望，尽管他知道自己对农活儿一点儿都不感兴趣，一直向往着外面的世界。最后，罗伯特留了下来，而天生适合留在农庄生活的安德鲁一气之下跟随舅舅出海远航了。留在农庄的罗伯特郁郁寡欢，成天耽于幻想，导致农庄荒芜、负债累累，妻子因此和他互相仇视，生活一塌糊涂。罗伯特一生都在追逐不属于自己的东西，可是在他生命结束的那一刻，当他拖着病体艰难地爬过山头，在日出面前幻想着天外边的远航，“自由”地死去的时候，却有一种打动人心的力量。这种力量源于一个内心有梦想的人精神上的美，它足以抵消理想的荒谬性。

《安娜·克里斯蒂》中的老水手克里斯也是徘徊在海洋与陆地、理想与现实间的人物。其家族成员身上好像一直流淌着迷恋大海的血液，他的父亲和哥哥都是葬身于大海的水手，他又因为看到母亲和妻子苦苦等待在陆地上直至去世也没有得到幸福而憎恶大海。为了使女儿安娜远离大海这个“恶魔”，他把她托付给农庄里的亲戚，不幸的是，安娜在农庄不但受尽折磨，还遭到表兄的奸污，最后走上歧路。安娜得病后来到父亲的煤船上生活，在大海面前，她突然感到一种与自己一直寻找的东西相逢的快乐，大海使她告别了过去的生活，仿佛让她又变得“干净”和快乐了。在海上，她爱上了一个水手，面对真诚的爱情，她向父亲和情人坦白了自己的过去，终于嫁给了自己心爱的人。但是在安娜对未来充满希望的时候，父亲克里斯却感到悲观，大海仿佛有一种神秘的力量，使安娜最终走向和她母亲一样的命运，无论怎么

一望无际的大海

反抗命运徒劳。

在奥尼尔的笔下，大海具有多重内涵。在《东航加迪夫》和《迢迢的归途》中，它是水手们憎恶又无法离开的地方；在《天边外》中，大海就像一个遥远的梦，这个梦与现实格格不入，但赋予了追梦人灵魂上的自由和希望，是其精神家园；在《安娜·克里斯蒂》中，大海就像一张网，即使你再努力，也无法摆脱它带来的劫难。不过，无论是什么，大海都映射出奥尼尔对人类精神世界的苛求态度，这使他剧中的主人公们有着诗人一样的性格和浪漫追求，即使最终都以失败和死亡告终，即使他们生活在痛苦、彷徨、失望、惆怅之中，但是因为有与大海相缠不休的梦，他们获得了经过痛苦洗礼之后的崇高。

第四章 和谐人海趣闻

海洋里生活着一些奇异的生物，产生着一些奇异的自然现象，对于很多无法解释的事物，我们的祖先运用丰富的想象力，把它们和人类生活神秘地联结在一起，编造出无数奇谈怪闻。

海龟的故事

1. 龟宝

宋代武将徐彦若渡海前往海南岛。开航之前，有一位随军将领在浅海滩上拣到一只小琉璃瓶。

瓶子只有婴孩的拳头那么大，里面装着一只3厘米左右的小乌龟。乌龟一刻不停地在瓶子里转来转去，瓶颈很细很细，不知道它是怎么进去的。

随军将领觉得这玩意儿怪有趣的，就把它收起来了。

船行海上，风平浪静。到了夜里，船身忽然倾斜起来，好像一侧的船帮有什么东西压着似的。

船上的人十分警觉，他们跑到吃重的那边一看：怪啦，船帮上层层叠叠地压满了乌龟，好些乌龟还在没完没了地往上爬呢！

军士们拿来刀子、铲子、棍子，有什么就拿什么，都去扒拉那些乌龟。可是，扒拉掉一层，又上来一层，越是往下扒拉，它们越是爬得快。别看军士们在岸上打仗行，在海里

乌龟

对付这些乌龟可不行。眼看船身越来越斜，好些乌龟已经上了甲板。船身吃重，走起来慢多了。

乌龟们一个劲儿地往上爬，谁也没办法治它们。再这样下去，船身还不让它们压沉了？军士们着急起来。

海龟的吉尼斯纪录

海龟早在两亿多年前就出现在地球上了，是有名的“活化石”，主要分为棱皮龟、蠵龟、玳瑁、橄榄绿鳞龟、绿海龟、丽龟和平背海龟。据《世界吉尼斯纪录大全》记载，海龟的寿命最长可达152年，是动物中当之无愧的老寿星。正因为龟是海洋中的长寿动物，所以，沿海人仍将龟视为长寿的吉祥物，就像内地人把松鹤作为长寿的象征一样，沿海的人们也把龟视为长寿的象征，并有“万年龟”之说。海洋中目前共有8种海龟，其中有4种产于我国，主要分布在山东、福建、台湾、海南、浙江和广东沿海。我国群体数量最多的是绿海龟。

乌龟们爬呀爬，全都冲一个方向——那个随军将领的舱门。随军将领一拍脑袋，突然醒悟了：呀，别是琉璃瓶里的那只小乌龟在作怪吧？

他把琉璃瓶取出来，放到甲板上。果然，琉璃瓶在哪儿，乌龟们就转身往哪儿爬。这位将领吓坏啦，他连忙祝告上苍，请老天爷保佑。祝告完毕，就把琉璃瓶远远地扔到了海里。

这下行了，成百上千只乌龟掉转脑袋，向船边爬去。“扑通！扑通！”乌龟们接连不断地掉到海里，朝远处游走了。

军士们松了口气，对这件事议论纷纷。船上有一个长年漂泊在海上的胡人，大伙儿听说胡人最懂得海上的怪事，就去问他。

胡人惋惜地叹了口气：“唉，没福呀！那个琉璃瓶是件‘龟宝’，乃是稀世罕见的灵物。多少人下了功夫找都找不到，可惜那位将领没有福气领受它。倘若有谁能得到这件龟宝，把它放在家里，这样一来，深海的宝藏就会源源不断而来，何愁不富！”

大伙儿听了，慨叹不已。

2. 玳瑁报恩

明朝将领熊元乘在沿海地区抗击倭寇，遇到过一件不寻常的事。

有一天，一只玳瑁——就是大海龟被潮水冲到了海滩上。海水退

潮很快，玳瑁来得回不得。它笨拙地扭动身子，两只前爪拍打着沙滩，半天也挪不了几步远。

熊元乘的部下杨总兵觉得这是个意外的收获，下令把它捉来，送到天妃（传说中的海上女神）宫，让工匠扒了它的皮做几条漂亮的玳瑁皮带。

玳瑁被按倒在案子上，刚刚准备开刀，熊元乘走过来了。这只玳瑁大口大口地喘息着，口中的呵气袅袅上升，结成了一小朵云彩。熊将军一见，不禁动了恻隐之心。

玳瑁海龟

熊元乘对杨总兵说：“我看这玳瑁非同一般，恐怕是一头神物。你还是把它送到海口去放生吧！”

将军有令，部下唯命是听。海口离城有20千米，熊元乘恐怕路上有误，要亲自前往。杨总兵不敢怠慢，连忙准备了一只小船，带上熊将军爱喝的酒，陪他放生去了。

小船沿江而下，两人喝着酒来到海口。船上的水兵把玳瑁轻轻搬下来，放到海里。熊元乘和杨总兵微笑着，满意地看着玳瑁向远处游去。

这时候，风浪大作，玳瑁似乎很感激二位将领，它不住地回过头来，伸着前爪朝他们作揖。

事情过去以后，熊元乘慢慢把它忘掉了。

过了一个多月，他率领船队与倭寇打仗，忽然发现有一只巨大的海龟在风浪中出没。这只海龟不断地鼓风作浪，把敌船压倒在下风。熊元乘的船队顺风攻击，连战连胜。

熊元乘很感谢这只神奇的海龟。他注目细望，原来正是一个多月前放了生的那只漂亮的玳瑁！

犼龙相斗

东海里有一种怪物，名字叫“犼”。犼到底是什么样子，谁也说不清。有人说像狗，有人说像马，有人说像狮子，有人说像麒麟。

这种东西异常凶猛。它的嘴里会喷火，火苗一窜上百米。在云雾里，它翻腾穿行，急如闪电。

犼能够吃龙的脑子，这两种

东西是势不两立的死对头。它们常常在天空中打架，那场面实在惊心动魄。

明代末年，有人在杭州湾的海宁市见过一场犼龙相斗。那一天，空中飘来两团乌云，前一团带来一阵冰雹，后一团夹带着闪电。只见后面那团黑云紧紧地追赶前边那团，不一会就压在了它的上面。这时候，雷鸣电闪，大雨倾盆，黑云翻滚不停，里面似乎有两头猛兽撕咬在一起。

没多久，云散雨止，一切归于平静。到了第二天，有人发现附近的山里掉下来一条黄龙，有数十米长，已经死了——大伙儿纷纷传说：它是被犼咬死的。

清代康熙二十五年（1686 年）的夏天，山西平阳县也发生了这种事。这回，一头犼追着几条龙从海上来到平阳上空。人们看见有三条不带角的龙——蛟和两条带角的公龙围着犼斗。天空中雷电交加，整整打了三天三夜。结果，犼杀死了一条龙、两条蛟，自己也被咬死了。

这些东西一齐掉到了山谷里。有人赶去观看，除了死去的蛟龙以外，还发现一头怪物的尸体。它有 7 米长，样子像马，脖子上的鬃毛长长的，又有点像麒麟。鬃毛里，冒着数米高的火焰。人们说：这怪物就是犼。

又过了几年，在康熙三十二年（1693 年）的阴历六月间，浙江杭州东北方向的皋亭山里发生了一场暴风骤雨。

天空中乌云滚滚，压得很低。在黑云里，隐约可见一头犼和一条龙。那只犼像是狮子的模样，嘴里

暴风雨来临前的海面

喷着火；那条龙像是画上见到的模样，嘴里吐着冰雹。两个家伙从皋亭山一直打到钱塘江口，在海里消失了。一路所过之处，地面上的树木被烧毁，冰雹积起半米厚，庄稼全都被砸坏了。

看起来，犼与龙斗有时候赢，有时候平，有时候两败俱伤。每当犼龙相斗，总伴随着电闪雷鸣。要说电闪雷鸣倒也不稀罕，谁都见过，至于黑云里有什么，那就各有各的说法了。有的人说：云里边不是犼，是雷公。

唐朝开元末年，广东的雷州半岛上空也有过类似的惊心动魄的场面。那一回，人们看见南海出现了一条大鲸鱼。天空中乌云滚滚，几十个带翅膀的“雷公”在云层中穿来穿去，他们的身边伴随着“隆隆”的巨响和闪闪的火光。

雷鸣电闪持续了七天，人们纷纷传说这是雷公和鲸鱼相斗。雷电过后，海边的居民看见南海上红红的一片，像是血染似的。到底雷公和鲸鱼谁胜谁败，谁也说不上来。

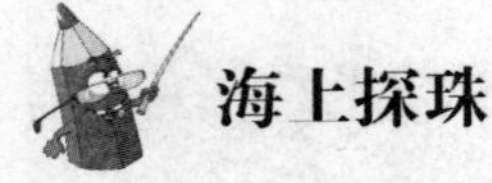

海上探珠

明代嘉靖年间，金陵（现南京）人杨参在广东做官。有一次，雷声隆隆，大雨哗哗，天上掉下来一个圆乎乎的东西。这东西落在官衙里，骨碌碌地滚到了审事厅上。

圆球有桌子那么高，外面黏糊糊的，裹满了海草。杨参让人把海草剥开，发现里面包着一个昏迷的人。

这个人尽管没死，但也已经奄奄一息了。大家七手八脚地把他扶起来喂了点汤水，他总算睁开了眼睛。

他望望四周，发现自己在官衙里，不由得眼泪哗哗地流。

杨参问：“你是什么人？因何缘故在此球内？”

那人跪倒在杨参面前，喃喃地说：“老爷，我是海边的老百姓，我可让人家给坑害苦啦！”

“你慢慢说清楚。”

“老爷，我祖祖辈辈居住在海边，素常以采蚌取珠谋生。那一天，我和两个同乡到海上去采珠。我让他们在船上拉着绳子，自己拽绳下

海草

海。在深水里，我发现了三颗珠子，其中有一颗特别大，是夜明珠。我先采了夜明珠，把它捧上去交给老乡，告诉他们下面还有两颗小的，我采了就回来。谁知刚刚下到水底，绳子就断了。我被水流冲到一个潭里，潭底下盘着一条龙，那里倒没有水。

珍珠是怎么形成的

珍珠是一种古老的有机宝石，产在珍珠贝类和珠母贝类软体动物体内，由于内分泌作用而生成的含碳酸钙的矿物（文石）珠粒，是由大量微小的文石晶体集合而成的。根据地质学和考古学的研究证明，在两亿年前，地球上就已经有了珍珠。国际宝石界还将珍珠列为六月生辰的幸运石，结婚十三周年和三十周年的纪念石。具有瑰丽色彩和高雅气质的珍珠，象征着健康、纯洁、富有和幸福，自古以来为人们所喜爱。

我跨到龙背上歇了会儿，肚子很饿。后来，我看见这条龙常常舔自己的胳肢窝，就也去舔。龙的腋下有一些黏液，味道特别苦，不过，一舔就不饿了。

龙不断地流黏液，这些黏液裹在我身上，挣也挣不开。黏液越裹越多，裹成了一个球，把我憋得晕晕乎乎的。不知怎么一来，龙身扭动起来，飞上了半空。我只听见身边不断地响着滚雷，别的什么也不知道。后来，龙把我甩了下来，我就完全晕过去了。”

杨参听了这番奇怪的叙述，心里半信半疑。他问清另外两个人的姓名住址，把他们抓来审问。果不其然，三审两审，那两个人交出了夜明珠，还交代了事情的经过：原来，他们恐怕两个小珠采上来以后分不到大的，就起了谋财害命之心，便把绳梯割断了……

杨参审明案情，命令将两名谋财害命之徒处死，并将那颗夜明珠交还了采珠人。

大箭鸦和小令旗

清朝时候，广东有个石濂和尚派徒弟到海外的大越国去。

航船走到“七洲洋”，看见有很多奇怪的鸟绕着桅杆不停地飞。这些鸟满身黑毛，跟乌鸦似的，它们的尾翎尤其怪，像是一根根令箭。这些鸟呱呱地叫着，听来是那么凄凉，让人浑身起鸡皮疙瘩。

海上暴风雨天气

这还不算，船身周围的海浪中，突然又竖起了一面面小令旗，令旗大约有几十枝，穿过来，穿过去，有红的，有黑的，总也不离船身四周。

船上的人越发紧张了：天上有令箭，水上有令旗，我们到底遇上什么了？

有人说："谁也别出声，赶紧趴倒。咱们遇上鬼船啦！"

这时候，天空中乌云集拢，掀起了风暴。附近的海面上，似乎有一条黑龙在浪涛中游来游去，渐渐逼近了船身。船上的人吓慌了，连忙点燃硫黄和鸡毛，把各种污秽的东西往海里扔——那时候的人迷信，认为这样做可以避邪。

真也巧，扔了这些东西以后，大家心神安定了一些，再看黑龙，似乎不往船边游了。

又一个晚上，阴云遮天，星月无光。突然，船后的海面上迸发了一片火光。火光很大，像山上燃起的野火，照得船帆红彤彤的。

火光越来越近，水手们嚷起来："糟啦！这是大海鳅的目光。咱们的船舵挂在它身上啦！"

据说海鳅有数十千米长，大嘴一张，吞只船就像吞条小鱼一样容易。船上的人又慌了神了，水手们不停地用木棍"梆梆"地

敲打船帮，舵手们竭尽全力扭转舵把。一直闹到二更天，航船总算脱离了海鳅。那闪闪的火光越来越远，渐渐消失了。

瞧！那时候出个海可真不容易，真真假假，堪称惊险万分呢！

唐高宗为什么要尊重鲤鱼

公元650年，唐高宗颁布了一条法律：禁食鲤鱼。如果在捕捞过程中捕到鲤鱼，必须放生，谁要捕鲤、吃鲤，便会挨60大板。为什么要禁食鲤鱼呢？那是因为皇帝姓李，“李”和“鲤”同音，鲤鱼便在唐朝受到了从未有过的尊重，地位好比皇亲国戚。不言而喻，这条荒唐的法律对于渔业——特别是春秋以来以鲤为主要对象的养鱼业是一个打击。不过在公元690年，也就是武则天称帝的那年，这条唐律被废除了。因此，“禁食鲤鱼”这条法律危害渔业的时间最多不超过40年。

秦皇入海

秦始皇当皇帝以后，做了一个梦，梦见跟海神打仗，却没闹清海神是个什么样子。

他醒来以后，把这件事告诉了朝中的大臣，问他们海神是什么模样。

有的大臣说：“海神嘛，人头鸟身，耳朵上挂两条蛇，就是禺强。老辈人说，他还是风神呢。”

有的大臣说：“那可不一定。禺强是北海的海神，大王遇到的如果是南海的海神，那么应该是祝融。祝融也是火神，人面兽身，他常常坐着云车，让两条龙驾着。”

有的大臣说：“也许是东海里的鲲，那是一条大鱼，会变成大鹏鸟。”

什么是鲲

鲲是传说中的一种大鱼。鲲在中国古代文献中，记载最早的当属《庄子》。庄周在其《庄子·逍遥游》中说：“北冥有鱼，其名为鲲。鲲之大，不知其几千里也。化而为鸟，其名为鹏。鹏之背，不知其几千里也。怒而飞，其翼若垂天之云。”“水击三千里，抟扶摇而上者九万里。”“绝云气，负青天，然后图南。”

有的大臣说：“四海都有神，东海的海神叫禺，也叫阿明；南海

的海神叫祝融；西海的海神叫巨乘；北海的海神叫禺强。他们经常跑来跑去，谁知道陛下遇见的是哪一位呢？”

秦始皇越听越糊涂。他虽然统一了中国，可是仅在陆地上打仗，海里的情况不清楚。

于是他坐上一条大船，先到东海去看看。

大船在海里走啊，走啊，来到了一个叫芝罘的地方。在这里，他遇到一条很大很大的鱼。秦始皇以为它就是鲲，一箭射去，把大鱼射死了。

秦始皇射死了大鱼，自以为战胜了海神，就班师回朝了。其实，鲲的体型巨大，哪能轻易让箭射死呢？秦始皇射死的只是一条普通的大海鱼而已。

这件事让海神知道了——到底是哪位海神，谁也不清楚，也许是东海的禺吧。海神想：你秦始皇不是老想见我吗？好,我让你见一见，叫你知道我的厉害！

秦始皇是中原的皇帝，倘若在陆地上见，海神怕吃亏；倘若让秦始皇坐船在海上见，又怕他埋伏下弓箭手。怎么办呢？海神想了个法子，决定为秦始皇架座海桥，一步一步走到海里来见他。

在海上架桥，最难办的是立桥墩，这事海神自己来干。

它化作一个老头儿，东走走，西望望,到处选石头。海边尽是沙滩，

靠岸的渔船

有那么几块小石子也不够用，海神找呀，找呀，来到了山东省的阳城山，看中了这里的大石头。

阳城山的石头有黑的，有白的，一块块都躺在山坡上，老头儿不知从哪里搞来一条鞭子，“啪”地一甩，嘴里念念有词：

石头石头莫发呆，

鞭子一响醒过来。

黑的变牛，白的变羊，

摇头摆尾跑得快。

石头忽悠忽悠晃起来了，黑石头真的变成了牛，白石头真的变成了羊，它们抬抬头，踹踹腿，抖落抖落身上的土，从四面八方的山坡上尥着蹶子跑过来了。老头儿把鞭子甩得“啪啪”响，轰着成群的牛羊往海边走。那些跑得快的，早已“扑通扑通”跳进东海，向远方游去。

老头儿在海边碰见了一个老婆婆。

“老婆婆，你看俺的牲口乖不乖？只要俺鞭子一甩，叫它往海里跳就得往海里跳！”

老婆婆说：“哪儿有什么牲口？我只看见石头从坡上滚下来掉到海里。这有什么可奇怪的！”

老婆婆一语道破了海神的机关，那些牛羊“噔”的一下，全都站住不动了。

海神急啦，挥起鞭子往牛羊身上一个劲儿地抽。这些牛羊犟极了，海神抽得它们身上直流血，它们仍然一动不动。慢慢地、慢慢地，它们又变成了石头。

海神没招啦，只好就此罢休。从此以后，阳城山附近的山石全都立着，而且向海边倾斜，似乎是要往海里跳的样子。又因为海神用神鞭抽过它们，所以它们身上有一道道的红印，好像流过血的样子。在东海上离岸几百步远的水里，还有两块1米多高的石头，好像在往海里走，那也是被海神轰下去的。

东海边竖起一排石头的事，早有人报告了秦始皇，秦始皇不知道那是海神干的，就派人前去视察。

视察的人回来报告：“陛下洪福，那些石头排得整整齐齐的，一直通向海里，像是天然的桥墩。”

“好，天赐良机！马上给我在上头铺好桥面，我要到东海里头去看日出！”

有位大臣说：“陛下且莫大意。依臣之见，海上的石墩非人力所为，内中恐有缘故。上回陛下射死的大鱼，恐怕只是海神的属下，这次会不会是海神在搞鬼呢？”

秦始皇说“倘若真是海神搞的，那也没什么关系。我正想看看海神长得什么模样呢！”

“哎呀陛下，海神兴风作浪，

神通非凡。陛下到海上去见他，非比身在中原。如果一定要去，最好先焚香祈祷，以免发生意外。”

秦始皇想了想，这话有理。我到海上去见海神，不比海神到岸上来见我。大海是海神的天下，得注意点儿礼节，于是便说：“好吧，听你的。”

秦始皇画像

石桥架起来了，秦始皇带着随从，恭恭敬敬地在海边焚了香，磕了头，表示要到海上与海神相见。

祭礼刚刚结束，海上就涌起一阵阵的波涛。波涛之中，隐隐传来了闷里闷气的声音：

“秦皇陛下，久违了！听说你要见我，我已经做好了准备。不过，有言在先：本神相貌不扬，不准画形图影。你如果答应这一条，可以从石桥上过来见我。”

秦始皇一听，吓了一跳：哎呀，真的是海神出现啦！他连忙答应说：“尊神放心，寡人遵约就是了。”

波涛渐渐平息了。秦始皇勒缰驱马，带着几个随从走上石桥，故作从容地向海中行去。

走了大约15千米，来到了石桥的尽头。放眼远望，但见瀚海上千米，碧波荡漾。回望海岸，海岸线已经消失在水汽里。秦始皇置身于辽阔的大海，突然感到自己很渺小，不由有点惶惑。

这时候海面上腾起一股水雾。雾气中，渐渐显现出一张巨大的面孔。这张面孔狰狞可怕，令人心惊胆战。秦始皇知道了，这就是海神。

秦始皇的随从里，有一个机灵的家伙。海神越是不准画形图影，他越是好奇。这个随从一动不动地凝视着那张怪脸。

这事瞒不过海神。随从勾勾画画快要画完的时候，那张怪脸突然沉了下来，怒不可遏地吼了一声：“走！”很快在水雾中消失了。

这声大吼把秦始皇吓了一跳，他不敢怠慢，拨转马头就往回跑。

可怕的事情发生了：脚下的桥墩慢慢向海底沉了下去。桥墩下陷，

桥面也开始扭曲。秦始皇骑的是一匹快马，那马风驰电掣般地狂奔，前腿刚刚挨着桥面，后腿腾空之处就开始“轰轰隆隆”地崩塌。一路跑，一路塌，秦始皇的坐骑刚刚跃上海岸，15 千米长的桥面就塌了个干干净净。

从此以后，秦始皇再也不敢提见海神的事了。

乾隆皇帝与“海龙汤”

乾隆六下江南，引发了众多故事。其中，乾隆第五次下江南时，刚巧是冬天。那一天，天降大雪，却在浙东地区遇到了海盗，被追得走投无路。后来，他逃到一个小沙滩上，躲在一艘倒覆的小船底下，才侥幸逃过一劫。傍晚，有个渔家姑娘同她的父亲到沙滩来收渔网，这才发现了他。此时，乾隆又吓、又冻、又饿，快要昏过去了。

好心的渔姑父女把乾隆背负到小渔村，先让他在家里的小竹床上躺下，然后端上一碗热气腾腾的石花茶，让他暖暖身，乾隆这才缓过神来。渔姑父女问他的来历，乾隆坦诚地把自己的身世和经历告诉他们。但渔姑不信，她的父亲也不信，威震天下的乾隆皇帝怎么会到这穷渔村？那些海盗为什么又要追杀他？但看看他的模样，确实与众不同。虽说一路逃奔，弄得蓬头垢面、衣衫不整，而内在的气质与雄伟的身姿，倒有一派帝王气象。

渔姑说：“不管你是皇帝也罢，乞丐也好，既然到了我们这里，先要设法让你喂饱肚子。”谁知姑娘此言一出，乾隆皇帝顿觉腹内空空、饥饿难忍了。

不一会儿，灶头冒起了青烟，飘来了一阵阵诱人的鱼味香。再待一会儿，姑娘端上来一碗番薯干饭，还有两道菜。一道菜是清蒸豆腐渣，上面放着四条虾鱼；另一道菜是一碗汤，汤里漂浮着几条鲜嫩的虾鱼和葱绿色的菠菜。虽说乾隆此时已饥饿难忍，但因久居内宫，从未见过此鱼，倒也不敢贸然下筷。姑娘说：“捕鱼人家，穷乡僻壤，实在没有什么好招待。”又说：“这是龙头鱼，

江南水乡美景

是海岛人常吃的渔乡菜，别看其貌奇特，但却鲜嫩无比，可口入味。”

见姑娘这么说，乾隆皇帝就不再犹豫，忙下筷夹鱼。谁知，鱼一入口，那鱼肉儿软骨无刺，嫩白柔滑，几乎连硬邦邦的番薯干都渗透着浓浓的鱼鲜味，还未等他细细品嚼，已一股脑儿咽下去了。他越吃越好吃，一口气吃了三条虾，扒了半碗饭，再用勺子喝了一口虾汤。哈，那鱼汤鲜呀！鲜得连脚指头都跳起舞来。

乾隆问道：“请问渔家，这是何鱼？什么味道如此鲜美？”

乾隆皇帝

渔夫说：“这叫龙头鱼，俗名虾。据老一辈传说，它是东海龙王的子孙后代。你看，其头状似龙头，其肉形如珠玉，因幼小生长在龙宫里，深受龙母的宠爱和琼浆玉露的滋润，故长大后，其味特别鲜美。”

乾隆又问道：“这两道菜不知可有菜名？”

渔夫因无思想准备，一时答不上来，但乖巧的渔姑却灵机一动，从容说道：“有，当然有。这道菜”，她用手指了指那盆吃得只剩一条虾的豆腐渣，“菜名为‘白龙困雪地’。那道菜”，她又指了指那碗喝得只剩小半碗的菠菜虾汤，“菜名为‘龙游青山’，俗称‘海龙汤’。”

“海龙汤，龙游青山？”乾隆闻听，脸露喜色，拍手叫道：“这菜名太有诗意了，妙极了！”

渔姑笑道：“这菜名不仅有诗意，还很有寓意的！”

“噢？”乾隆听之一惊，好奇地问道：“请渔姑细说其详。”

渔姑说：“你看，铺在盆子上的那些豆腐渣，白色晶莹，好似一片雪地；而那条虾鱼，形似白龙，俯卧其上，岂非是白龙困雪地？！”“这……”乾隆略一思忖，忙说：“这比喻倒很巧妙。”渔姑又说：“如果贵客确是皇帝，今日被海盗追逐到这里，前面是白茫茫

的大海，后面是大雪封山，岂不类同于这白龙围困在雪地上？”听渔姑这么一说，乾隆皇帝顿时羞得满脸通红，深感惭愧。但细想当时之情境，又不得不佩服这渔姑的机灵和聪明。“若说这‘龙游青山’？”渔姑突然话锋一转，说出另一道菜名的奥妙。“这一条条倒垂的菠菜，却似一道道葱翠的青山；而龙头鱼游弋其中，自由潇洒，其乐融融，故名为‘龙游青山’。”稍待一会儿，渔夫又补充道：“若贵客确是皇帝，待大雪过后，脱离困境，重返苏杭，游历名山大川，岂不是‘龙游青山’了！”经渔姑父女这么一说，乾隆皇帝顿时心情开朗，龙颜大悦，胃口大开，把那一碗海龙汤喝得底朝天，把豆腐渣和仅剩的一条虾鱼也全部吃光，似乎还意犹未尽呢！其实，那个贫困的渔家，因冬天海上多风浪，很少出海捕鱼。他的家里，除了早上用小网捕上的仅有的几条虾鱼外，再也拿不出第二样菜肴来招待客人了。

安期岛的故事

在中国古代传说中，有一个神仙，名叫安期生。他是战国后期的一位方士，常年在东海边上卖药，曾经见过秦始皇，谈论过有关长生不老的话题，后来得道升仙，成为一名道家仙人，人们于是就把安期生居住过的小海岛，称作安期岛。也不知道过了多少年，长山中常刘鸿训率领一队武士出使朝鲜，在海上航行时听说安期岛是神仙居住的地方，就下令让大船驶向安期岛。刘鸿训的手下有一个副官说这样去是会有危险的，必须等一个叫小张的人引路才能到达安期岛。为什么要等小张呢？原来，已经得道升仙的安期生，从来不和尘世间的人们往来，只有他的徒弟小张，一年中有那么一两次来人间走走看看，如果有想去安期岛的人，必须先得到小张的许可，否则，即便乘船去，也要被飓风掀翻大船，葬身海底。过了不几天，刘鸿训终于见到了小张，只见小张有 30 多岁的年纪，戴着一顶棕榈做的草帽，腰间佩着一把宝剑，相貌堂堂。听了刘鸿训的要求后，小张表示可以，但不许副官和他同去，而且只准许刘鸿训带两个人乘船去安期岛。说话间，他们就登船起航，也不知道离安期岛会有多远，刘鸿训只感觉坐在小张引导的小船上，就如同乘坐今日的气垫船一样，有一种腾云驾雾的感觉，眨眼间，就来到安期岛上。说来也是奇怪，刘鸿训他们向安期岛

出发时，还是寒冷的冬天，可是到了安期岛上，却是春风温煦，漫山遍野盛开着鲜花。小张领刘鸿训来到一座山洞中，只见洞中并排坐着三个盘腿打坐的老头儿，只有中间的一个起来让侍童招待他们，另外两个老头就像没有看见他们似的。神仙是拿什么招待刘鸿训的呢？神仙不像我们凡世一请客就是喝酒吃肉，而是请刘鸿训饮茶。可说是喝茶，却不放茶叶，那水也很特别，是从洞外石壁中自然流出来的，当然，由于这神水来之不易，所以，神仙们就在神水流出的洞口插入一把大铁锥。喝的时候，只要拔出大铁锥，神水就立刻射出来，用茶杯接住，满了，再用大铁锥堵上。这神水是淡碧色，刘鸿训品尝了一下，感到寒冷冰牙，就借口怕冷没敢喝下去。见此情景，侍童又拔出石壁上的大铁锥，这回流出的神水，则热腾腾地冒着香气。刘鸿训询问其中的缘故，老头儿笑着说他身居仙境，不关心这些俗事。刘鸿训又向老头儿请教长生不老的方法，老头儿说想要长生不老，这事不是富贵人所能做得到的。后来，刘鸿训来到朝鲜，向国王讲述所见所闻，国王叹了一口气说："只可惜你没能喝下那杯冷茶，那是天上的玉液琼浆，喝一杯就可长命百岁呀！"刘鸿训听了非常后悔，在他要回国时，朝鲜国王送给他一件用纸帛重重包裹的礼物，再三叮嘱他不要在靠近海水的地方打开它，可是，刘鸿训忍不住好奇心，当船刚刚离开海岸不久，就急忙拆看礼物，原来是一面镜子，仔细一看镜子里面，那些鲛人龙宫水族，栩栩如生地呈现在眼前。正在刘鸿训目不转睛地看着镜子里的景物的时候，忽见海中一股高楼般的巨浪迎面汹涌扑来，已到船头，刘鸿训害怕至极，命船快行，但潮水如风如雨，紧追不放，刘鸿训害怕极了，只好把镜子扔进大海。奇怪的是，海面立刻就风平浪静了。当然刘鸿训也平安地回到了自己的国家。

龙珠

海神尽管不讲理，有时候也得听人摆布。

陕西咸阳有一座岳寺，里头供着周武帝的塑像。神像供了好多年了，前去磕头拜佛的人不少，谁也没有注意到它的帽子上有一颗梅子那么大的宝珠。

武则天当政时期，有个书生来逛岳寺。这位书生不信佛，也不拿神像当回事。他看见这颗珠子晶莹可爱，就把它摘了下来。

时值盛夏，天气热得很。书生逛完庙，在门殿里脱下件内衣，顺手把珠子一裹，塞在了金刚门神的脚下。身上一轻装，他感到很舒服，就大大咧咧地出门而去。至于珠子和内衣，书生早已丢在了脑后。

珍珠

第二天，书生离开咸阳，到扬州去收债。从咸阳到扬州，要路过河南开封的陈留郡。书生来到这里，借宿在当地的旅馆里。

这位书生是个好看热闹的人，当天晚上，他听说有胡人赛宝，赶紧就跑去了，到了那地方一看，原来是外国商人在比货物。胡人们各自拿出自己的货物来吹牛，吹得最神奇的是珍珠。

书生看了看他们的珍珠，最大的也不过像是黄豆粒。他不以为然地对胡人们说："嗨，你们这些珍珠有什么了不起的。我在咸阳的岳寺弄到了一颗，比你们的不知要大多少倍呢！"

胡人们一听"岳寺"，都愣了神了，连忙问："是不是周武帝神像帽子上的那颗？"

书生洋洋得意地说："可不是吗？我把它摘下来了。"

胡人们喜出望外："啊呀，这颗宝珠我们早已闻名，正想去赏识赏识呢！你既然得到了它，能不能让我们开开眼呢？"

书生一拍脑瓜，这才想起了那个衣包："呀，我把它丢在金刚的脚下边了！"

胡人们露出失望的表情："可惜！可惜！你倘若能把它拿来，我们愿意出大价钱，用金银丝帛跟你换。"

"不行，我得上扬州收债去。"

"你放的那些债有多少钱？"

"五百钱。"

"好吧，债钱我们付了，你回咸阳取珠子去。珠子取来，我们还会出高价。"

书生高兴得眼睛直放光。他接过债钱，急急忙忙赶回咸阳，幸好，衣包没人动，还在金刚脚下塞着，他打开衣包，珠子还在。书生欢欢喜喜地带着珠子回到陈留郡，把珠

子给胡人看。

胡人兴高采烈、手舞足蹈，当即设宴招待书生，连着庆贺了10天。

庆贺完毕，开始谈价钱了。胡人问："你这颗珠子打算讨个什么价？"

书生早就打定主意把价钱往高处抬。他壮了壮胆子，把头一扬："一千吊！"

胡人们哈哈大笑："这么一点价钱，跟宝珠太不相称！这么着，我们给你五千吊！"

胡人们合伙凑了钱，把珠子买下了。

书生没想到胡人肯出这么高的价钱，他接过钱，在那里呆呆地发愣。胡人的头领说："你可太不识货啦！要是有兴趣，你可以跟我们到海上，咱们去瞧瞧宝珠的神通！"

书生跟着胡人乘船来到东海海上，胡人的头领拿出一只平底的银锅。他往锅里倒上奶酪，开始架火煎熬。等到煎出酥油，他又用一只金瓶装上珠子，放在酥油里熬。

熬到第七天，海上出现了两个老头，老头的身后还跟着几百名随从。这些随从个个手里都拿着珠宝。这伙人愁眉苦脸地来到船上，要求赎取那颗宝珠。

胡人说什么也不肯卖那颗珠子，两个老人和随从们怏怏不乐地消失了。

又熬了几天，老人和随从们又在海上出现了。这一回，他们带的珍宝更多，在船上堆成了小山。他们再一次恳求胡人把宝珠换给他们，胡人仍然不同意。

熬了30来天，两位端庄白净的

古代珠宝

龙女升上海面，来到了船上。她们一声不言语，默默地走到锅边，纵身一跳，跳进了瓶子。

火还在烧，酥油还在翻滚，瓶子里的珠子化了，两位龙女也化了。龙女和珠子化合在一起，变成油膏。

书生看着这幕情景，心里很不是滋味。

胡人的头领对他说：“伙计，瞧见了吧，你这个珠子乃是龙珠，暗中有两位龙女保护着。我们用火煎这颗珠子，等于煎的是龙女。那两个老头和后边跟着的男女，都是些龙，群龙舍不得龙女，只好拿海里的宝贝来赎珠子。”

停了一会儿，他又说：“我不是个贪图富贵的人，那些珠宝引诱不了我，我要的是脱世成仙！”

说着，头领从瓶子里捞出油膏，脱下鞋，把油膏抹在了脚底心里。众人正在诧异，他突然纵身一跃，投向大海。船上惊慌了一阵，没等平静下来，只见那头领轻飘飘地站在水面上，步行如飞地奔向远方。他一边走，一边还向船上的人招手，很快就消失了。

剩下的胡人闹闹嚷嚷，一个个破口大骂：“狗杂种！骗子！混蛋！宝珠是大伙凑钱买的，他一个人把大伙儿全给蒙啦！”

油膏没了，再骂也没用。胡人们把银锅里的酥油倒出来，抹在船帮上。不一会儿，海上刮起了顺风，航船很快就回到了岸边。

那个胡人头领可真是一个诡计多端的商人，他不仅捉弄了海里的群龙，也捉弄了他的同伙。看来，成仙得道的人并不是都那么神圣，他们里头也有这种唯利是图、损人利己的骗子呢！

人生百岁，只庆有余

子曰：“生，事之以礼；死，葬之以礼，祭之以礼。可谓孝也。”巍巍中华民族5000年历史，孝道作为世代相传的家庭美德，早已成为人们伦理观念和道德品质的精髓。

浙江东南沿海地区自古以来就把寿星作为吉祥神来崇拜，并且十分重视寿诞的庆贺礼仪。最初是因为海上作业的艰辛，朝不保夕，使得淳朴的渔家人常常感叹世事无常，

淳朴的渔家

由此更加珍爱生活、珍惜生命。后来，这种尊敬老人、孝敬老人的优良传统逐渐积淀成民间孝道文化，而伴随孝道文化而来的寿诞习俗也流传千古。

“海屋添筹”是怎么一回事

《东坡志林》第二卷曾讲了这样一个故事：有二位老人遇到一起，互相问起年龄。一位老人说：“我已经不记得自己的年龄了，只记得我年轻时曾与盘古有过交情。”另一个则说：“在海水变桑田的时候，我曾下了筹（古代用来计数的一种用竹、木或象牙制成的小棍儿或小片儿），最近我的筹堆满了十间大屋子。”后来，“海屋添筹”就成了祝寿之词了。

东海岛屿的庆寿传统，其实从给孩子过周岁起就已开始，不过，真正意义上的寿诞是从30岁开始。据说，人生逢十是一大关口，提前祝寿不仅能避邪，还可讨个长命百岁的吉利。所以，依照东海各岛的传统习惯，30岁以下不祝寿，30岁以后每逢10年举行1次，而30岁那年的庆寿典礼就称“做生”，又叫“头寿”。随着时代发展，海边渔家人的寿诞庆贺传统也有所变化。如今，在浙江南部包括舟山的大多数岛屿，除富商豪门外，人们一般都是从50岁开始举行真正的寿诞礼仪。因为人们觉得30岁虽说是“头寿”，但毕竟太过年轻，年纪轻轻的就要祝寿可能会折寿。不仅如此，祝寿的年月也往往提前一年进行，如五十大寿会在49岁进行，故海上又有“四十不做生，做九不做十”的规矩。当然，每个岛屿都有自己的传统特色，像洞头、玉环一带海岛的人们就是逢50整岁才开始祝寿，依此类推，每10年1次。闽南的庆寿大典也是从50岁才开始，称为“头生日”，这之后，寿诞越来越隆重，称为“大生日”。山东长岛60岁开始祝寿，此后“逢五排十”必大庆。有的地方还为已故长辈过生日，名为“烧生日”。

66岁，海龙王请吃肉

在东南沿海岛屿，人们给年满66岁的老人做寿是常见的寿诞风俗。其实，这一习俗在江南一带也颇为流行。尤其在上海、江苏、浙江地区，民间流传着“年纪66，阎王要吃肉”的谚语，意思是说阎王爷在人66岁时想索命，所以66岁是人生的一道坎，老人必须吃一刀肉后才能还了阎王的债。另外，在东海地区，人们一直信奉海龙王为

海内天子，掌管着人生死的海龙王自然比阎罗王权大势重，所以沿海地区流传“66，海龙王请吃肉”的民间佳话。每当老人活到66岁，出嫁的女儿要割6斤6两有肥有瘦的鲜肉，送到娘家为父亲或者母亲祝寿。一般的做法是将猪肉切成形如豆瓣的66小块，红烧后连同一碗糯米饭和三根鲜葱送给寿主品尝，俗称“吃寿肉”。有意思的是，女儿送肉要用缺口的碗。据说是因为66岁是人生的一大关口，只要度过这个关口，人就平安无事。

给老人祝寿的背景

吃寿肉的习俗还有其他的规矩。例如，送寿肉的时间要在上午，最好是赶在涨潮的时候。寿肉要从窗口递进去，不能破门而入。寿星吃寿肉前，先要供祭给灶神，虔诚祈祷之后才可食用。倘若寿主是吃素者，女儿可以用66块烤麸代替寿肉。有的小岛上的寿主在享用瘦肉前，习惯先在每块肉上割下一小块，放在装有少量糯米饭和葱的碗里撒向大海，让龙王先享用。据说，海龙王吃了这寿肉便会向天帝奏本，替66岁的老人添福加寿。在山东胶东半岛，民间也一直流传着“66，吃碗肉”的俗谚。逢老人66岁生日时，至孝的儿女或侄辈会送上66块肉；若寿者吃素，家人则用数量相同的豆腐干代替。人们认为这样老人才能顺利通过66岁这一人生旅途上的关口。

不一样的闽家渔民庆寿

福建地处中国东南一隅，东面临海，三面环山，素有“闽海雄风”之称。蜿蜒曲折的海岸线、得天独厚的海洋资源孕育了这里独特的民俗风情。除了传统的寿诞习俗，闽南地区很多地方还有独具特色的庆寿礼仪，如女婿寿、禳寿等。

女婿寿：女婿寿是福建一些地区的特殊寿俗。与传统的晚辈向长辈祝寿不同，它是岳父岳母给女婿置办的寿庆仪式。女婿过30岁头寿时，岳父母要带上1对黄鱼、5千克猪肉、2瓶米酒、5千克面以及衣服、桂圆、枣子、橘子等去女婿家祝寿。据说，这些礼品都有特定的象征意义。鱼象征有余，米酒表示

满足，寿面代表长寿，橘子因为和吉利谐音，表达了岳父母对女婿的良好祝愿。女婿收下礼品后，要以长寿面、果品、糕饼等回敬岳父岳母，也恭祝岳父岳母长寿。不过，这种祝寿不摆寿堂，只是以寿酒款待前来祝贺的人。

禳寿：福建地区给长辈祝寿的传统一般是男庆九，女庆十。意思是如果男人六十大寿，必须提前到59岁那年庆祝。此外，在正寿的前一天，还必须做禳寿。禳寿的仪式较为复杂。首先，家人把亲友送来的寿烛在祖先灵前全部点燃，灵前不仅要摆上三碗寿面，寿面上还要分别插上三朵纸花。这时，晚辈们过来对寿星叩拜，然后落座喝酒赏乐。如果家境宽裕，家人还会请人来设坛念经，替过寿者向北斗星求福寿，称为“拜斗”；还有的人家会邀请业余民乐队，在坛前弹奏，称“夹罐”。正式庆寿时，家中华灯齐放，亲朋好友汇聚一堂，有的家庭还有亲友送来寿诗和寿序给寿星作为纪念。

自古以来，敬老爱老、重视家庭是中国传统美德的重要组成部分，寿诞礼仪不仅是这种传统美德的外化，也为儿女表达孝心、全家团圆提供了机会。随着时代的变迁，沿海地区盛行的寿诞礼仪整体上来说和内陆保持一致，基本内容没有太多的变化，只是庆祝的程序趋于简化，人们的寿礼更为高档，这正反映了人们的生活水平越来越高、日子越过越好。

不一样的渔家丧俗

生命中有诸多的“不可承受之重”，譬如亲友的离世远去就是每个人必经的情感之挫。面对死亡，丧俗礼仪不仅表达了生者对死者的追念之情，也传递着人们对死者的祝福。慎终追远、哀死思亲自古以来就是中华民族的传统丧葬文化特色。

在打鱼的渔家

形式各异的葬法葬式

中国幅员辽阔，地大物博，广袤的土地上生存着多个民族。由于生存环境差异，再加上宗教信仰和心理素质有所区别，因而一些民族

都有自己独特的丧葬习俗。例如，契丹族是生活在森林中的民族，他们习惯将尸体悬挂在树上，等到三年后才焚烧尸骨，这叫树葬；依水而居的独龙族会将非正常死亡者的尸体扔于江河中，任其漂流，此为水葬；火对于生活在西北高寒地区的羌族非常重要，所以他们选择焚烧死者的尸体，让死者的灵魂在熊熊大火中得到安息。历史上，中国中原的广大地区，人们世代以农业为主，以土地为生命之本，再加上帝王们都以黄为显贵之色，似乎土就是人们回归自然的最佳处所。因此，人们希望死后能“入土为安”。但如今大陆汉民族提倡火葬，因为火葬相对土葬更科学，并且尸体经过高温焚化不会污染空气、水源，又不占土地，可大大减轻家属的经济负担，所以，火葬越来越为广大群众所接受。

随着时代的发展，将死者骨灰撒向大海作为一种环保葬法，在沿海地区也渐渐流行。海葬冲破了“入土为安”的传统观念，有利于节约土地资源，又不污染环境，是一种理想的骨灰处理方式。如今中国很多沿海地区都流行海葬，如青岛于1991年开始，每年清明节和农历十月初一前后都组织骨灰撒海活动，政府也大力提倡海葬。

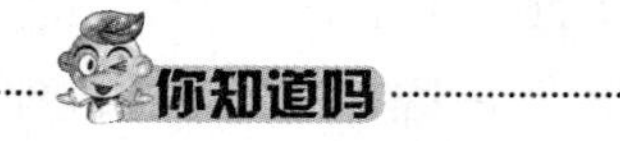

降半旗致哀的习俗是怎么来的

当某一国家的首脑或重要人物逝世，或者发生重大灾难事故时，为了最隆重地表达人们的沉痛哀思，当今世界各国大都流行一种礼节，这就是降半旗致哀。降半旗致哀是最庄严、最隆重的哀悼礼仪。那么，你也许会问，这种礼仪习俗是怎么来的呢？其实，降半旗致哀这种习俗起源于古代的海战。那时，当一场大海战结束之后，战败的一方要将自己的旗帜降下一些，而把胜利方的旗帜高挂在自己的旗帜之上。久而久之，就演变成了一种丧礼仪式。原来的含义已经不存在了，只是作为一种“尊敬”的标记被保留下来，成为一种国际通用的隆重丧礼仪式。

海边丧俗礼仪的特点

居海为安的渔家人也有自己的丧俗礼仪。总体来说，渔家丧俗礼仪和内陆大多一脉相承。比如，内陆常见的哭丧、停尸、小敛、大敛、听卜等，海边渔家习俗中几乎都有。自古以来，东海地区有句谚语叫“生儿为了吃吃，生女为了哭哭”，意思是说，生个儿子，长大后要为父

母供养伙食；生个女儿，可以在父母死后下功夫哭。由此可见，他们的哭丧礼仪和内陆是一致的。不过，同为沿海地区，北方渔家丧俗习尚和东海地区的丧俗礼仪各有其特点。东海各岛屿会根据情况的不同实行不同的葬礼：正常死亡时，葬礼程序基本沿袭江南内地。假如渔民出海遇到翻船事故而死，而家人往往又没有事先找好坟墓，大家便把棺材抬到坟山上，先用稻草将棺材包夹起来，以避免风雨侵袭，俗称“草夹坟”，等条件成熟后再为死者举行葬礼。由于海岛环境险恶，突发性的风暴时有发生，所以在相当长的时期内，这种“二次葬”的现象在沿海地区非常普遍。而最具特点的非第三种葬礼——潮魂莫属了。

北方沿海地区的丧俗礼仪程式比较讲究，每一步都要细致到位。根据旧时习俗，北方渔家普遍实行土葬，葬式的繁简因各家而异。一般的程式是在病人咽气前，家人将逝者的寿衣穿好，死后抬到堂屋让亲属省容，随后才将死者装进棺材里，在家停灵三天。这时，死者的子女穿上孝服，分早中晚三次去土地庙前焚香烧纸，称作“送米汤”。送米汤持续三天，直到子女最后一次到土地庙烧纸钱才结束，称作“辞庙”。辞庙归来的子女忌讳进家门，男的得跪在灵柩前，女的站在街门旁，同时放声大哭表示哀悼。特殊的是，死者落葬后，从墓地归来的死者子女得在预先放好的水盆前梳发三下，磨三下刀，磨三下斧子，然后才能进家门。出殡三日后，死者子女要到墓前重新修坟墓，俗称“圆坟”。然后从死者去世之日起，每隔七天，子女到墓前烧纸，以示悼念。

别具一格的海岛民俗文化

1. 渔民不舞龙灯

农历正月初一，黎明前家家户户燃放爆竹（炮仗），谓“开门炮”，以示全年生活红火，俗有“天降财气门开早”之说。初二出门向亲友拜岁，近邻好友还互访互宴，谓吃“新年饭”。东门渔民不舞龙灯以示对船龙爷的敬意。初一、初二家家户户祭扫祖坟墓，带上香、蜡烛、纸箔、炮仗，谓“拜坟岁”，寄托哀思，祈求新年吉祥。

什么是海宴

“海宴”是什么意思呢？是在大海里举行宴会吗？这里还有一段典故呢。说的是水晶宫仙女

邀请洛川妃奉郝女君之命，到五台山汇集各路神仙来恭迎圣驾。东海公则约齐河山公、钓鳌客等海上诸位神仙去五台山献礼，诸仙对演玉佩春鸿舞蹈，海藏神则手捧大珊瑚引领各位神仙献宝。这事后来被清代一个无名氏作者写成了一部杂剧，题目就叫《千秋海宴》，意思是千百年来绝无仅有的一次众神仙献宝大聚会。

正月十四夜吃发财羹，农历正月十三晚上灯，十八日倒灯。十四日夜，吃发财糊辣羹，用黄豆、虾皮、咸肉切细拌番薯粉煮做咸糊辣，也有糯米浆板、桂花做的甜糊辣，小孩们自带碗筷，串街走巷，挨门挨户吃糊辣羹，说一声："吃发财羹啦！"主人不分熟人或陌生人，每人一瓢。串门越多，吃得越多，就越聪明。讨糊辣的人越多，主人越会发财。夜晚要到城隍庙、天妃宫、王将军庙、关圣殿拜菩萨，保佑捕鱼人平安丰收。

"糊辣羹"相传是明初抗倭将士既当饭又当菜的珍肴美味。每年十四夜东门人吃"糊辣羹"的习俗从明代延续至今。

2. 十四夜扮故事

正月十四日晚上，东门直街三角一店旁、东边道头、西边土地庙道头等地，二三人一班，脸孔着色，身着奇装异服，立在凳、桌上被称为"扮故事"，有说有唱，滑稽有趣，常令围观者捧腹大笑。

元宵期间，还有舞鱼灯、跑马灯，演唱马灯调："正月里来舞鱼灯，洪武兵马到东津，前面开路吴大酣，后面督军常元春。二月里来……"至今上了年纪的东门人，还能哼上几句。

3. 三月三海螺爬上滩

相传有个皇帝女儿，胃口不开，脸色蜡黄。宫中太医也诊治不好。有大臣奏：东海海岛礁石中海螺，吃了能增食欲，肌体白嫩红润。皇上乃下令东海岛人拾海螺，作贡品送至皇宫。那天刚巧三月初三，海岛男女老少，到海边岸礁拾螺，齐声呼叫："今天三月三，为了皇上囡，海螺快快爬上滩。"蛰居海岩缝隙的海螺纷纷出游，沐浴在和煦春光中。

海螺

每年三月三，东门岛人，要到门头嘴、黄泥崩、李氏湾一带海岩边拾螺。有摇舢板到黄沙湾、秤锤礁、缸爿礁、铜头山、檀头山等岛礁上去拾，有辣螺、香螺、珠螺、马蹄螺、芝麻螺、蟹螺（螺壳中藏有小蟹，不能吃）等。

4. 孩子端午扮

五月初五家家裹粽子。门上插菖蒲，挂虎头、八卦牌，或张贴虎画，有的还挂门神钟馗像，以驱魔祛邪，保平安。正中午，屋内喷雄黄烧酒，驱蛇虫八脚。年轻妇女做各色香袋，以蛇、蝎、壁虎、蟾蜍、蜈蚣“五毒”香袋为多，还有虎、八卦香袋，以祝福少儿平安无事，活泼健康。岛上向来有“孩子端午扮”的习俗，家家户户给孩子添置新衣。节前新女婿向岳父家送节，头节（结婚后第一次）较丰厚，有粽子、猪肉、老酒、鲜鱼等，用套篮挑送。岳父母则回送一套质地较好的衣料。

五月十三旧时为弟兄会，系朋友或结拜弟兄聚会之日，有吃麦糕、馒头和馄饨的习俗。花生、炒豆佐酒，席间猜拳狂饮，至酩酊大醉罢休，“老酒不喝醉，不算好朋友”。结拜弟兄们常到官基山上关圣殿或天妃宫、城隍庙等寺庙，跪在庙宇天井，对天地、菩萨，各人自报姓名、年岁，发誓结为弟兄，有福共享，有难同当，海枯石烂不变心。

岛上结拜兄弟之风颇兴，女的结拜姐妹，沿袭至今。

5. 七月三十点香球

相传七月三十日为“地藏王”生日，也有说是“天地狱”日子。晚间，在房前、路边、屋旁到处插香，称“点地香”。是日晚，东门人还要走四庙，到城隍庙、关圣殿、王将军庙、天妃宫插地香，庙宇烛光红通通，地香烟火点点，煞是好看，有的把香插在大海螺壳上，高高悬起，称“点香球”。

6. 除夕谢年

农历十二月二十日后，家家户户准备过年，忙于掸尘、捣年糕、炒倭豆、番薯片、打米胖糖等。二十五、六日，设案堂前（中堂），选潮涨时辰，用三牲福礼祈求降福，称“谢年”。祭祀祖宗、先辈，做“过年羹饭”。除夕晚，全家团圆共宴佳肴，吃“年夜饭”。夜间室内点灯，“间间亮”，门户敞开，祈盼财气进门。通宵不眠，称“守岁”，又称“守你娘爹双全”。临睡，长辈给晚辈分“压岁钱”。主妇把年糕切成片，在秤、斗、米甏等处放一片年糕，作压岁钱，祈求来年财盈

粮丰“年年高”。睡觉前，放炮仗为“关门炮”，盼望来年更好。80年代后，东门渔船在除夕夜晚涨潮时辰，鸣放鞭炮，一般先由带头船鸣放，然后，数百艘渔船齐鸣，瞬时东门港上空色彩缤纷,爆竹声声，达数小时之久，意在祈盼来年更上一层楼。

7. “倭倭来”

明朝洪武、嘉靖年间，倭寇多次从海上偷渡入境，烧杀掳掠。朝廷迁昌国卫至象山东门岛。岛民对倭寇恨之入骨，称豌豆为倭豆，煮倭豆，炒倭豆（倭寇），有的用线或铅丝把豌豆穿起来煮，叫川豆。“倭倭来”的摇篮曲，用倭寇来了如同老虎来了一样,吓骗婴孩睡觉，词曰“倭来,倭来,倭倭来。阿拉(我的）宝贝，睡觉来。”

8. 阿姑代拜堂，公鸡陪洞房

旧时渔村新郎出海生产遇风，不能如期赶上婚期，习惯由阿姑代拜堂，在洞房内笼养1只公鸡，鸡颈系红布条，新郎回来把鸡放出，俗称“阿姑代拜堂，公鸡陪洞房”。民国时村人曹某在岱山张网，因大风不能按时赶上婚期，只好由其妹代拜堂，头系红布的大公鸡陪洞房。

9. 东门鱼捶面

嫩滑、爽口、鲜美、色泽清白的东门鱼挂面是远近闻名的渔岛一大特色菜肴。制作鱼捶面需选用特别新鲜的鳗或马鲛，去头斩尾，剥皮抽骨，不留鱼刺，将清白鱼肉和以蛋清,用手打匀,使其成韧软膨松、似糊非糊状，放在厨板上，用木棒或玻璃瓶，滚压成厚约2毫米的薄片，撒上番薯粉(淀粉)，使其凝固、精蒸，取出冷却后切成3～5毫米宽的条条。

根据宾客不同的口味，配上不同的配料烹煮而成，是招待宾客的一道有浓郁地方特色的上等佳肴，东门酒席上为第一道热菜出盘。鱼捶面起始于东门岛，后在石浦，今在丹城、宁波等地普遍流行。

做鱼捶面剩下鱼头、鱼皮、鱼骨，将其斩细、煮沸，配上调料，拌上薯粉，可制作鱼骨浆，味道鲜美。

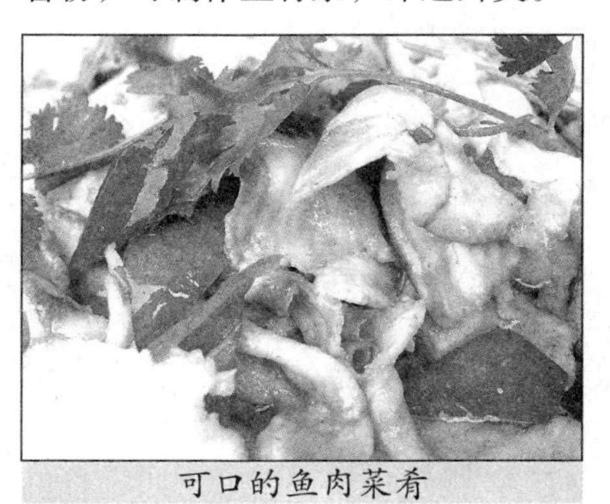

可口的鱼肉菜肴

有朋自远方来，好客的东门人，总会捧上最新鲜可口的鱼圆、鱼捶面盛情招待。这浓烈的渔家情意，这醇美的渔岛海味，真令人回味无穷、永生难忘。

至于鱼丸、鱼面的来历，还有一个生动的故事。很早前，渔岛上有个体强力壮英俊的小伙子,一天，他驾着一只小帆船去猫头洋捕鱼、捉虾，遇上不测，船翻了，人随波逐流。家人心急如焚，他美丽善良的未婚妻哭肿了眼，流干了泪，昼夜坐在妈祖庙娘娘菩萨前，祈求小伙子平安回家。

第五天晚上，那小伙子终于回来了,他被未婚妻真挚的爱情感动。于是他特用鳗鱼去头去尾，去皮去骨，把鱼肉斩成浆，做成雪白滚圆的鱼圆，象征那纯洁的爱情，把鱼肉做成一条条面，表示情意绵绵，永不分离。

从此渔岛家家户户逢年过节或远方来客均要做鱼圆、鱼面。

鱼汛谚语创丰收

靠海吃海的渔民经年累月积累了许多下海捕鱼的知识，像舟山地区流传的“岸上桃花开，南洋旺风动”“夜里田板（青蛙）叫，日里洋地闹”“清明叫，谷雨跳”等谚语，说明渔民只有把握好鱼汛才能保证捕鱼丰收。山东长岛的渔谚“赶鱼郎，黑又光，带着我们找渔场”“谷雨前后东南风，鱼虾靠近海边行”“二月清明鱼似草，三月清明鱼似宝”“七月西风刮秋雨，海里刀鱼往东走”说明了某些鱼类的特性和捕鱼技巧。例如，有一种受人偏爱的海螺，螺肉有辣味，这种海螺在麦收季节喜欢齐集平板的礁石上，于是山东龙口便有谚语曰：“麦子上场，腊肉上床”；山东荣成则说“八月十三，瓦屋楼子上山”，这瓦屋楼子就是海螺，意思也是海螺会爬上礁石，十分有趣。

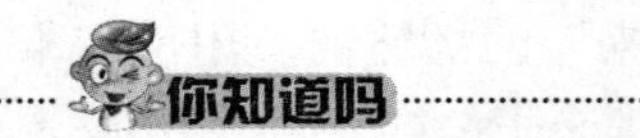

山东沿海有哪些渔谚

1. 长岛一带有如下渔谚：

初五、二十正晌满；初八、二十三，涨一宿，靠一天；十二三，正晌干（最低潮），满个潮，黑了天；十五六，吃了晌（午饭）以后（最低潮）；十七八，两头抓（早晚低潮时都可以赶海）；十八九，两头不得手（早晚不宜赶海）；二十四五黄昏满，吃了早晌把潮赶。月亮晌，潮不涨，海鸥叫，潮来到。

2. 即墨渔民的鱼汛谚语：

初三潮，十八水，二十三四跌到底。初八、二十三，两头晌崩干。

3. 昌邑一带有：

初一、十五两头水，漾到晌天落到黑；初八、二十三，两水一样尖。

4. 烟台地区，恰逢东北风则不宜赶海，正如谚语云：

东北风，十个篓子儿九个空。

气象谚语保平安

渔民海上作业经常会遭遇乌云密布、大风大浪的天气，不期而至的台风甚至可能造成船毁人亡。勤劳聪明的渔民凭着多年的抗灾斗争经验,慢慢摸索海岛气候变化规律，一些通俗易懂的观天测海的气象谚语便产生了。如长岛渔谚“清明到，有风暴。清明暴，别胡闹”，意思是说清明前后多风，大家出海要警惕。胶东半岛流传的“青魂叫，雅虎听，不是下雨就刮风”说明从水鸟的叫声可以判断是否刮风。在山东蓬莱，农历每月初三和十八前后必有大潮，所以有渔谚“初三水，十八汛”一说。还有一些气象谚语已经含有科学成分。如山东半岛的俗语“雾天行船靠捞水，夜间行船看紫微”，是说渔民遇到大雾天方位不明时，可以用一条长线，系着一个铅砣，放入水中测深浅。经验丰富的老渔民还可以从砣子上沾着的海底泥土判断海域，而夜里行船的方向辨别便要看天上的紫微星。还有“靠脚行船舵拉紧，顺风随下风”，意为船如果在航行中跑下风，就要收紧篷缭，顺风顺水航行时，大篷所在的船舷为“下风”，船员要在这里调整船篷。

停泊在码头的渔船

这些气象谚语都是靠渔民日积月累并流传下来的宝贵经验。虽然饱含了先人与大自然斗争的辛酸，却为后辈减少了灾害性天气带来的损失。

自然人文谚语见真情

除了气象谚语和鱼汛谚语，与人文环境和自然风貌相关的谚语也

让沿海居民长记于心。它们不仅反映了沿海渔民热爱海洋、热爱故乡的美好情愫，也传达了渔民对生活的赞美之情。例如，温州地区流行的“十网打去九网空，一网打牢做富翁”，意思是说渔民捕鱼要看准，有时一网打下去就能获得大丰收。宁波地区盛传的“春风一刻，千金不换”的谚语歌颂了春光明媚对出海捕捞的好处。舟山地区人们常说的“山无百日穷，有水就有鱼”“以海为田，常吃新鲜”等谚语，无不表达了渔民对海的依赖尊敬之情。

日常谚语说世情

海岛谚语还以简短的形式诉说了民俗世情。例如，“大船救人先甩绳，小船救人用船腚”“大船见山如见虎，小船见山如见母”就是以丰富深邃的内涵来反映客观规律的渔谚。舟山渔谚“潮水太急难抛锚，火气太大难和好”“东风西流水，伙计蹬蹬腿儿”则描述了渔民们顶风破浪、同心协力、团结一致抵抗灾难的情景。还有一些反映社会现实、渔家生活艰辛的谚语，如“前有风暴，后有海盗”“海里的乌鲨，山里的老虎——一样狠”。这些反映生活方方面面的日常谚语，蕴涵着广大渔民质朴的人生观，相对比鱼汛谚、气象谚更具独特的艺术风采。

渔歌渔谣唱响生活之宏歌

世代流传的渔歌渔谣，内容丰富，题材广泛，既可用于沟通交际、协调劳动，又可以释放情感，使力量大增。

渔家劳动歌：无号不齐

扬帆远航捕鱼，海上作业艰辛又苦闷，大家唯有齐心协力才能完成艰苦的工作。动人心魄的渔民号子便是激励斗志的进行曲。

渔民的劳动多种多样，劳动号子的种类也多，仅在山东沿海一带搜集的渔民号子就有 100 多首。例如，蓬莱渔民自古相传的“登州号子”就非常具有地方特色。它主要由一系列劳动号子组成：溜网号是渔民在海滩上整织晾晒渔网时哼唱的号子，它调式平稳缓慢；当渔民整理好网具即将上船时，领号人便即兴引吭高歌上网号，上网号的调式沉重；众人合力拉锚唱的号子就是拉锚号，因为号子随锚的大小和水流的缓急有所变化，因而大锚号沉重平稳，小锚号轻松愉快；摇橹号是渔民们出海时随摇橹推拉唱起的号子，虽短小，但一唱一和之间，平静安详；撑篷号是一

首大型号子，开始的号调轻松畅快，无须用力，随着船篷的升高，号子转为深沉缓慢；进入渔场，若是发现了鱼群，全船船员立刻精神亢奋，紧摇橹，猛划船，唱起调式急促强烈而又紧张有力的紧撸号；起网时，伙计们看着活蹦乱跳的鱼儿，一边拖网一边唱起调式明快的上网小号；捞鱼号子是用抄网往舱里装鱼时唱的号子，虽然简单重复，但是说唱结合，生动朴实，十分中听。

渔民生活歌：酸甜苦辣尽其中

悠扬动听的渔民生活歌大多是渔民生活的真实再现，反映了渔民内心的喜怒哀乐，揭示了他们的生活状况。如山东长岛一带渔民，他们出海要熟悉经常活动的渔场和返航经过的地点，于是渔民便把地名编成歌谣：

羊角沟，靠掖县，
虎头崖，太平湾，
长岛有个大黑山，
砣矶岛，趴狗山，
小牧岛，鳖盖山，
隍城岛，锯牙山，
南城有个上凤山，
八湾篮子靠龙山，
海猫砣子老铁山，
大连有个大连湾，
安东有个大花船，
上还出个硬木杆。

除了《渔民苦难忍》《一年辛苦空欢喜》等一些渔歌揭示了旧社会渔民遭受渔霸海匪的欺负外，大多数渔歌都积极向上、热烈欢快。如东海一带的《渔家乐》《四季渔歌》，多为反映渔民新生活的内容。

渔民的淳朴生活

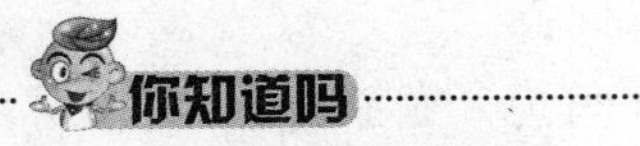

鱼为什么没有腿

碧波荡漾的大海中有数不尽的各色各样的鱼，世代居住在海边的渔民无法解释这些海洋生物的由来，便幻想出海洋鱼类的起源神话。传说远古时期，鱼也长着四条腿在陆地走动。由于盘古开天辟地时没有将天和地的距离分开很远，生物们都感到压抑难受。下凡巡视的女娲娘娘看到这种情况后非常着急。想了七天七夜的女娲终于想到一个办法，就是找一种走兽献出腿来化作天柱，把天顶高。但动物们都考虑到自己的安危，不愿意献出腿，唯有鱼自告奋勇地对女娲说："只要大家快快乐乐地生活，我愿意献出我的腿。"于是，女娲砍下了鱼的四条腿，吹一口气变成了四根又粗又长的天柱，把天高高地顶起。为了感谢鱼的舍己为人，女娲将鱼的伤口打了几个结，最后变成了鱼鳍。从此，鱼靠着尾巴和鳍自由地在海里游来游去。

民间表演艺术

热情奔放的西方人，喜欢毫无顾忌地投身于狂欢中，大家浓妆艳抹，手舞足蹈，纵情欢乐。而含蓄低调的中国人则喜好以另一种方式宣泄自己的喜悦欢乐。尤其是那些生活在海边的渔民，他们常常借酬神赛会、庙会举行狂欢。逢此时节，各种戏法曲艺纷纷登场，民间音乐舞蹈大放异彩，这些虽不能带来笙簧喧哗、旗幡蔽日的轰动热烈，倒也不失淳朴闲致的海之韵味。

早在原始社会，海边的表演以娱神为目的。人们面对神秘不可知的自然环境、浩瀚无边的大海无能为力，只能举办一些活动来壮胆，求神保佑，例如，酬神赛会上的纸龙灯；鬼节时，空中、海上放的天灯和水灯都是为祭祀神灵而用。不过，这些以娱神为目的的活动，如今已慢慢退去封建迷信色彩，娱乐性和趣味性日益显著，已成为娱乐大众的生活调味品。

曲曲唱说海之歌

海边音乐是沿海居民表达自己思想情感和生活乐趣的乐章。

在闽东、闽中的沿海各县，当地渔民常常传唱几首老少皆宜的歌曲，内容多为反映海上捕鱼生活。如福鼎的《海上归来鱼满舱》："哎！朵朵白帆映霞光，海上归来鱼满舱。男女老少齐欢呼，明日风帆又远航。"这首歌节奏悠长、音

调宽广，充满了对生活的热爱和庆丰收的喜悦之情。

又如《拔帆起碇》："中帆拔起咧咧噢，起碇吹螺就开流啰，各个渔民齐齐到噢，船到渔场就要敲啰。"这首歌节奏整齐，唱词中夹杂着地方方言，充满浓郁的生活气息。

舟山锣鼓享盛名

舟山锣鼓闻名遐迩，甚至是享有国际盛名的海岛民间传统器乐曲。它最初流行于浙江舟山地区，表现了舟山渔民豪爽、粗犷、开朗的性格和勇斗风浪的精神。从乐曲的雏形到今天的日益精臻，舟山锣鼓也经历了较长的发展过程。古时候，船上没有汽笛，为了避免在航行中与其他船只碰撞，人们就用锣鼓传递信号。长途远行，为了排解海上生活的寂寞，船员和旅客还会用锣鼓助兴消遣。倘若遇到风暴，锣鼓还可以壮胆避邪。长此以往，民间就形成了一批专业锣鼓班子，每逢迎神赛会、婚丧嫁娶、乔迁新居，人们纷纷邀请锣鼓班子来助兴庆贺。20世纪50年代后，民间老艺人们在原有的锣鼓点子和民间乐曲基础上，逐步整理组成了十面锣七面鼓配套的排鼓和排锣，又配以唢呐、二胡、笛子等乐器，还用七只木鱼伴奏，最终形成了完善而又有渔岛特色的吹打乐曲。舟山锣鼓是舟山渔民在自己海上作业生活基础上创造的乐曲，它历经时间的洗礼，又被艺人完善，以其欢乐明快、节奏鲜明的特色，成为海岛音乐艺术中不朽的代表。

原生态的舟山锣鼓表演

舞姿舞韵现特色

中国的民间舞蹈，北方多以动作夸张、节奏欢快热烈为特色，南方却以舞步轻盈、表演细腻为精髓。生活在海边的人们，其舞蹈融合南北之精华，彰显自我之本色。这些舞蹈有流行于福州地区的"龙灯舞"，夸张而又忸怩的祭祀舞，表现龙斗水的"板船龙舞"，还有反映济公斗火神的舟山"跳蚤舞"，更有温

州洞头岛的“贝壳舞”等。这些舞蹈绚丽多彩，风格各异，具有浓厚的海岛民间色彩和渔乡乡土气息。

温岭、玉环一带的祭祀舞——大奏鼓

每年春汛来临之时，在温岭、玉环一带的海滩上，一群群装扮成山鬼和海妖的渔民踩着急促的鼓点，大幅度地挥动着胳膊，一面做出种种忸怩的表情，一面跳起夸张的舞蹈。在高亢激越的唢呐声中，一位身穿大红坎肩、腰系嫩绿绸带的“海神”出场了。他左手高举木鼓，右手拿着木槌，伴随着鼓声，时而转身大跳，时而左右奔走。海神身边有6～8名男扮女装的山鬼海妖，他们上穿镶有橘红色图案的大褂子，下着灯笼裤，头戴彩球，耳着耳环。每个人手中都拿有木鼓铜钟等乐器，一会儿扭跳着做鬼脸，一会儿双人对舞，不停地晃动全身。这些山鬼海妖围着海神，踏着短促有力的节拍，动作干脆有力、铿然有声。一时间，脚步声、鼓乐声声声交融，海滩上一派豪迈壮观的景象。这就是极具海岛特色的大奏鼓。

流行于中国东南沿海温岭、玉环一带的大奏鼓是一种祭祀海神的舞蹈。传说那古朴的木鼓和山鬼海妖的扮相源于闽南泉州移民的迎神跳鼓习俗。后来，温岭、玉环一带渔民融合了两地的民间音乐和舞蹈，将其发展成为今天有名的大奏鼓。从此，渔民为了祈求远航平安，就跳起大奏鼓来祭祀海神。

幻彩缤纷俏灯彩

灯彩是一种制作精巧的花灯，用竹木、纸品、金属、绸缎、菠萝、贝壳等材料制作而成，是一类造型独特的艺术，包括宫灯、纱灯、走马灯、壁灯、提灯等。它是一种融合了彩扎、编结、刺绣、剪纸、书画等的综合技艺。

幻彩缤纷彩灯

舟山、洞天的水灯

水灯，顾名思义，是能放在水面漂浮的灯彩，而天灯则是可以随风飘动的花灯。这一上一下、一空一陆的灯彩均是东海舟山、洞头各

岛渔民喜爱的民间工艺。每年农历七月十五，是俗称的“鬼节”。渔民们祭祀完神灵后，便在空中放天灯、海上漂水灯来敬送鬼神，祈求保佑海上捕捞平安。水灯的制作因地域不同有所差异。舟山的人们喜好用稻草扎成浮盘，上面点燃各色灯光；洞头渔民则偏向用竹篾扎成扁圆形的浮盘，周围用白纸糊上，上面开口，下面固定在木板上，中间插上蜡烛。

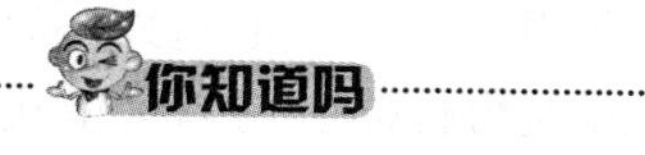

什么是天灯

天灯亦是民间俗称的“孔明灯”。传说，三国著名军事家诸葛亮在一次战争中使用天灯取得胜利，因此而得名。它高1米左右，顶呈长方形。整个灯用铁丝圈成，周围糊上白纸，底部留有点火的孔。放飞时，点燃芯火，灯内空气受热上升，在空中随风飘动，像流星般美丽。如今，水灯、天灯早已不是沿海居民独享的民间活动了，它已逐渐流行到大江南北。江南一带很多地方的人都喜欢在“七夕”放水灯、天灯，这种灯彩在潜移默化中也成为男女传情达意的信物。

国旗国徽与海洋

大家知道，国徽是国家的标志，国旗则是国家的旗帜，一般由宪法规定。如我国的国徽，中间是五星照耀下的天安门，周围是谷穗和齿轮；国旗是五星红旗。可是，有些国家的国徽或国旗上却以海洋的形象作国徽或国旗的图案，你知道这是为什么吗？原来，国徽或国旗上有海洋形象的国家和这个国家的民族，大多与海洋息息相关，海洋在这个国家的形成或民族命运的发展过程中，有着极其重要的作用和地位，海洋的形象已经深深地烙在这个国家人民的心灵深处。因此，许多国家的国徽或国旗选择海洋的形象，赋予了海洋特定的精神内涵和文化意义，它所象征的意义也都是经过国家认定的特指意义，是不允许更改的。

欧洲一些濒临海滨的国家或岛国，长期以来和海洋休戚与共，因此，许多国家的国旗或国徽上有海洋的形象，并以此作为这个国家或民族某一方面的象征。如素有“地中海心脏”之称的岛国马耳他，它的国徽就是灿烂阳光照耀下的一艘具有马耳他风格的渔船。这艘渔船的前部绘有古埃及植物神和尼罗河水神奥西里斯的眼睛，表示渔船出海后会得到神的保佑，而船上无人无帆无桨，奇特的高高翘起的艏艉显得古朴而又神秘。马尔他的国旗则是红白相间，白色象征纯洁，红色则象征着勇士的鲜血。为什么会是这样呢？相传在1090年的时候，一个名叫罗杰的人漂洋过海来到马耳他岛，率领他的追随者赶走了从阿拉伯来的统治者，罗杰从此深受岛民欢迎。为了答谢岛民，罗杰从自己的三角旗上撕下红、白两种颜色的一角，留为纪念。后来，红色和白色就成为马耳他制定国旗的基色。同样，拥有悠久航海历史的西班牙，其国徽的主体是盾和王冠，两侧各立着一个大力神银柱，分别代表西班牙的直布罗陀海峡和莱昂岛。在银柱的红色饰带上，则写着一行文字："海外还有陆地。"由此可见西班牙历史与海洋的密切关系。而瑞典的蓝底十字国旗，原本是瑞典国王的私人用旗和皇家海军军旗，直到1906年才正式定为国旗。具有悠久航海历史的大西洋海岸国家葡萄牙的国旗上，有一小半绿色，表示对葡萄牙航海家和骑士勋章获得者亨利亲王的敬意。葡萄牙国旗和国徽上的图案，是一个古老的航海仪，即金色的浑天仪，象征葡萄牙航海家利用浑天仪，走遍天涯海角进行全球航海探险和对新大陆进行开拓的非凡历史功绩。

位于大西洋东海岸的非洲国家加蓬共和国，它的国徽是两只黑豹扶持的盾牌，牌上绘制的是一艘飘扬着加蓬国旗的多桅帆船，给人以威严而又神秘的感觉。它有什么意

浑天仪雕塑

义呢？原来，它不仅象征着加蓬以航海贸易为主的经济命脉，而且，其帆船乘风破浪扬帆远航的形象，也象征着加蓬人民争取民族进步的决心。利比里亚的国徽上，则是一艘张满风帆的船只，象征着获得自由的黑奴乘坐这样的船只从北美回到故乡，在天空中飞翔的两只洁白的鸽子，则象征着自由和和平。有印度洋上的“一把钥匙”之称的毛里求斯，位于马斯克林群岛，其国徽上就有一把红色的钥匙，标志岛国的重要地理位置；同时，国徽上还绘有一艘双艉楼、弧形底、配有桅顶横桁和桅桨的金色帆船，象征海外贸易。塞舌尔共和国的国徽上，是一片蓝天白云下的海洋，海中的两座岛屿象征着塞舌尔的国土由两组岛屿组成；海上行驶着一艘白色帆船，象征着塞舌尔的渔业经济；国徽上还绘有一只类似海龟的玳瑁，国徽两侧还各有一条大旗鱼。此外，突尼斯、坦桑尼亚、莫桑比克等国家的国徽上，也有大海的形象。

大洋洲上的国家，可以说是和海洋关系最密切的海洋国家或海洋民族，国徽上有海洋的形象是再顺理成章不过的事情了，像基里巴斯、西萨摩亚、斐济、所罗门群岛等国家的国徽上，都有着非常鲜明的海洋形象。

国徽上海洋形象的意义

斐济国徽上有一艘独木舟，代表南太平洋上古老的交通工具。所罗门群岛的国徽上绘有鳄鱼和鲨鱼，代表岛屿周围的动物。

美洲大多数国家，由于自然地理上的原因，他们的国旗或国徽上都有海洋的印迹。像巴拿马、巴哈马联邦、巴巴多斯、多米尼加、伯利兹、厄瓜多尔、哥伦比亚、格林纳达、加拿大、萨尔瓦多、圣卢西亚、苏里南、乌拉圭、古巴等国，他们的国旗或国徽上大都有大海帆船、海洋生物等图形。如加拿大国徽上有一条蓝色绶带，上书加拿大格言“从大海到大海”，代表了加拿大西临太平洋，东靠大西洋的特殊地理位置。圣卢西亚国徽上有条白色饰带，上用拉丁文书写着：“在此下锚，就意味着安全。”海地的国徽与国旗的主体部分是同一个图案，图上是一角海岛，地平线上有两艘战舰悬挂三角红旗，岛上面左右各有一只铁锚。美国的国旗在 1776 年北美独立之前有多种旗帜，其中有的绘着海獭和象征海员的铁锚，有的绘着蓝色来象征海洋。1775 年，约翰·曼利舰长在军舰上升起了美国第一面带有五星的旗帜。当时，它上角有 13 颗五角星，中心是一个海蓝色铁锚，锚上写有“希望”一词。可见，他们这些国家与海洋有着多么密切的关系。

海洋与十二生肖

在我国传统的十二生肖中，除了幻想的龙以外，其余均是陆地动物。但在我国的东海，还生活着若干与十二生肖相对应的水中动物。其中，以海洋鱼类为主体，具体的分别记叙如下：

（1）老鼠斑。老鼠斑是石斑鱼中的一种，因为它的尖嘴很像老鼠而得名。石斑鱼有许多不同的种类，最常见的有花狗斑、红斑、苏鼠斑、泥斑、老鼠斑。石斑鱼肉多刺少，味道鲜美，而且产量多，特别耐活。其中，以老鼠斑最名贵。当然，以鼠命名的还有老鼠鲨，其形状也酷似老鼠。

（2）牛角箱鲀。它头上长着长长的两只角，使它特别像牛。它的游姿也和真牛的动作一样缓慢。它的头、体、被甲呈五棱形，眶前棘、腰骨棘各一对。尾鳍具紫蓝色圆斑，体甲呈黄绿色，分布在我国东海一带。

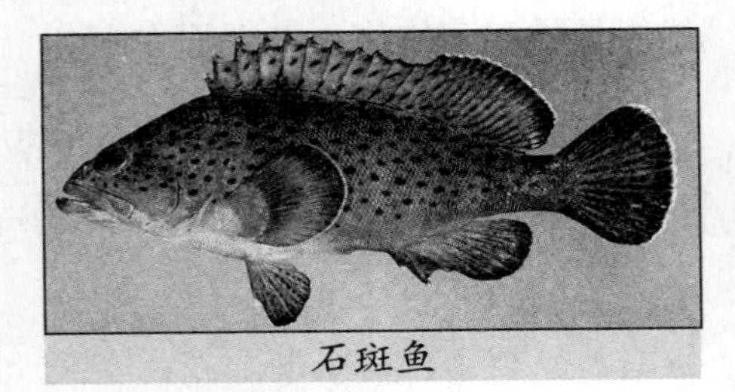

石斑鱼

（3）老虎鲃。老虎鲃又叫虎皮鱼。鱼体两侧通向眼部、腹鳍前部、背鳍前部和尾鳍前部，有四条横向墨绿发黑的宽条纹，犹如老虎皮，因而得名。另外，它行动快速凶猛，并喜集群游动。

（4）兔鱼。此鱼嘴巴形状和兔子一样突出，吃东西的样子也很像兔子，并和兔子一样喜欢吃青菜。不过，兔鱼的性情可不像兔子那样温柔，它的背鳍、臀鳍和尾鳍上部长有坚硬的长刺，刺的根部还会分泌毒液。

（5）海龙。它的外形和中国神话传说中的龙极其相似，能够隐藏在浮游海草或海藻之间。海龙又名藻龙，与海马属同一物种，包括叶海龙和草海龙两种。海龙美丽可爱，常常保持静止，而游动起来仪态优雅。叶海龙的身体由骨质板组成，并延伸出像海藻样的叶瓣状附肢，可将自己伪装成海藻。而草海龙则色泽多样，但附肢较少。昔日，在东海海域，偶有所捕。

（6）海蛇。海蛇有两种：一为

青环蛇，二为黑头蛇，其胆制药酒，可治中风及四肢麻木。据传“蛇胆制酒，有祛风活血功能”。

（7）海马。海马头部弯曲与身体的角度将近直角，看起来像马的造型。海马因而得名。海马是种奇异的小型海栖鱼类，身长 5 厘米至 30 厘米，游泳时直立身体、摆动背鳍和胸鳍前进。春天，雌海马在雄海马的育儿囊中产卵，经过 50~60 天，幼鱼会从育儿囊里出来。昔日在东海的近海张网地区，常有所捕。

（8）羊鱼。羊鱼长有两根长长的、像山羊胡须的触须，因而得名。这两根长长的“胡须”很不简单，它们具有味觉功能，可用来探测沙层或洞穴里的饵食。羊鱼常常将须隐藏在海底，斜斜地或垂直地活动，借此捕捉海底的食物。

（9）猴面鱼。该鱼头部像猴子。不仅脸型酷似猴子，而且也长着像猴子一样的厚厚嘴唇，并有双机灵的眼睛，在海底活动时，一旦发现“敌情”，就会立即像猴子般钻进岩洞里躲藏。

（10）鸡鱼。鸡鱼又叫鳞鲀，不仅长着鸡一样的花纹，而且吃起来味道也和鸡肉很相似。它的脸部十分有趣，具有十分美丽的体色。小小的口中有上下 8 颗像凿刀般尖锐有力的牙齿，咬合力甚强，连海胆的硬壳也能嚼碎。鸡鱼的眼睛在身体背部的中央处略向前，身体背部的第一背鳍前方生有一根十分粗壮的硬棘，这根粗硬的棘表面布满了粒状突起，而且棘的基部可以前后活动，宛如手枪的扳机，所以东海渔民又称它为“扳机鱼”。

（11）狗头豚。此豚头部像小狗一样，性情温驯。狗头豚的体形成圆筒形，头大、嘴大，眼睛位于头顶上方，体呈灰黑色，全身散布着细小的银白色圆点，腹部有银白色斑纹，并扩展到嘴部。鱼体借胸鳍的滑动在水中迅速游动。胸鳍鳍基有一黑色圆斑，其周围有数条银白色条纹；背鳍后移到尾巴处，与臀鳍上下对称；尾鳍较窄，并有许多浅白色圆点。其肉有毒，不可食用。

（12）猪鼻龟。该龟鼻子丰厚多肉，形同猪鼻，因而得名。其背甲较圆，呈深灰色、橄榄灰或棕灰色，近边缘处有一排白色的斑点。它的头部大小适中，但无法缩入壳内。眼睛的后方有一条灰色的条纹。四肢为了适应水中生活而进化为鳍状，但也不能缩入壳中。可见这是个长相十分奇特的海龟之一。

明朝诗人胡俨曾有一首“十二辰诗”，巧妙地把生肖典故和传说融为一体。其诗曰：“骊龙有珠常不睡，画蛇添足适为累。”“舞阳

屠狗沛中市，平津放牧海东头。”

看！说来说去，还是离不开海。

丰富多彩的海龙王祭祀活动

《淮南子》曰：“云从龙，故致雨也”，意思是说云总是和龙在一起，龙能带来雨水。因而，每逢风雨失调，或者出海打鱼前，渔民都会虔诚地祭拜龙王。而那些流传于中国民间的诸如庆祝龙王寿诞、修建龙王庙、生产祭祀大典等一系列活动，就成为世代相传的民俗文化瑰宝。

广建龙王庙

几千年来，神话中说海神龙王主宰着海水河水，人们为了定时朝拜它，便修建了一座又一座龙王庙，如烟台龙王庙、大连龙王庙、盐城龙王庙等。威海居民十分崇拜龙王，几乎每个沿海的港湾孤岛都修有龙王庙。舟山附近的一些渔村有许多龙王宫和龙王堂，如杨村乡应家棚龙王堂有个香岩老龙王庙，杨村龙王殿有个小金龙王庙，石盆村有个独角龙王庙，桐照乡泊所村龙王殿有个十爪金龙王庙，吴家埠有个马林龙王庙，桐照村还有白龙大王庙和洞盆浦龙王庙等。

龙王雕塑

东海一带的龙王庙由经过加工的料石堆砌而成，整个龙宫的设计独特精巧、气势宏大。龙宫在正殿，龙母殿在后，左右两侧为龙女殿和龙太子殿。正殿中央有块蓝底金字的匾额，象征帝王风范。传统习俗中，龙忌金属，所以龙宫大殿里不能安放铁钉之类的金属制品。龙王的造像也有一定标准和陈列位置，任何人都不能违反惯例，否则就是对龙王不敬。

庆贺龙王寿诞

“各岛各龙王，各庙各诞辰”，各个地方龙王寿诞的日子并不相同，如浙江舟山定海地区的龙王寿诞是农历六月初一。庆祝龙王寿诞的前后三天，定海一带的人们挂起龙王旗、船灯、龙灯、鱼灯。到了夜晚，沙滩上一片灯火通明，异常美观。最重要的莫属龙王寿诞的祭典了，祭典中所用的烛、香必须是上乘的，祭品所用的全猪、全羊、全鸡要插

香挂葱，再请手艺高超的工匠用面粉彩塑出鹅、鸭、海鸥等，一起供奉在龙王寿宴前。祭典开始时，德高望重的老人会手持清香带领大家入宫。当领队者宣布祭典开始时，殿外锣鼓震天，龙灯起舞，气势壮观；殿内，人们拜龙王、读祭文，庄严肃穆。祭典结束后，有时人们还会举行隆重的龙王戏和龙王庙会。在渤海湾的大连、旅顺一带，沿海居民在每年农历六月十三庆祝海龙王诞辰。这一天，渔民换上新衣欢聚在海滩，在锣鼓唢呐声中载歌载舞。壮汉们将扎着红绿彩带的全猪、全羊抬到海边，再摆些水果、鸡蛋作为龙王爷诞辰祭品。年轻人在供品前下跪叩首，举行烧香焚纸仪式。渔民们登船出海，在海面上燃放鞭炮，敲锣打鼓。临近中午，渔民们以家庭为单位在船舱甲板摆上宴席。大家尽兴地喝酒吃肉，谈笑风生，同享龙王诞辰祭品。还有一些地区的祭祀典礼是在农历二月初二，如山东威海成山头景区每年此时举行盛大的龙王祭祀大典。当地民间一直流传“二月二，龙抬头”的俗语，所以成山头人对龙王的信仰甚为虔诚。他们的龙王祭祀大典分为祭海、民间表演两大板块，祭海大典设在成山头的好运角广场。祭祀大典结

渔民的船只

束后，还会有胶东渔家特色的民俗表演，这些表演都是渔民的本色演出，节目精彩纷呈，吸引眼球。

生产中的龙王祭祀

以捕鱼为生的渔民最关心的便是生产收成以及出海安全，所以他们在出海捕鱼前和捕鱼回来后都会祭拜龙王。例如，在东南沿海岛屿，每逢新一轮鱼汛开始，人们便会在龙王庙里供奉鱼、肉等贡品，向龙王表示敬意，希望龙王多赐恩惠；当渔船即将出海时，大家敲锣打鼓把龙王神像或是供奉在庙里的龙王旗请到船上，借龙威保佑自己海上航行一帆风顺；龙王神像和龙王旗请到船上后，渔民在船头用丰盛礼品供祭，船长会燃起蜡烛，取少量的酒肉洒入大海，祈求龙王保佑渔船出海丰收，人船平安；出海捕鱼归来，无论丰收与否，安全抵达的渔民都要举办隆重的谢礼仪式，感谢龙王一路保驾护航。渔民们为了祈求平安出海、满舱而归，把海龙王视为至高无上的海神，以一颗赤诚的心供、请、祭龙王，也让自己的信仰找到归宿。

第五章
海洋的予与求
——人、能源、环境

海洋生物具有特殊的生态环境，在其生长和代谢过程中，产生大量具有奇特结构的天然产物和具特殊生理活性和功能的物质。海洋成了开发新型能源的一个巨大的天然产物宝库。随着海洋在沿海国家可持续发展中的战略地位日益凸显，开发利用海洋生物资源已成为世界各国激烈竞争的一个重要领域和发展方向。但是如果人类在索取的同时忽视了海洋的环境，也必然会遭到海洋的惩罚。和谐人海——与海洋和谐相处才是长久之法。

大海赐给的生命之泉

古时候，当人们在茫茫大海上艰难地航行，面临着淡水告罄的威胁时，人们多么希望能有一个圆桶似的宝贝，只要将它往海里一放，那苦涩的海水就变成甘甜的淡水“咕咚咕咚”往上冒，让干渴的船员们喝个饱。最先提出这个大胆而美妙设想的，是中国宋朝一个名叫周密的人。他写了本《癸辛杂谈》，书中描写了一个会造淡水的“宝贝”的故事。

故事说，有一家杂货店放着一个奇特的东西。说它像缸，可没有底；说它像烟囱，可又太大；而且它既非竹也非木，既非金属亦非砖石。有一天，一名海船商人路过此地，发现了这一奇物。他看了又看，摸了又摸，舍不得离去。店主走来，问商人买不买此物。商人忙说：“买！你要多少银子？”店主想敲竹杠，就说：“这是我家祖传宝物，非十两银子不卖。”商人二话没说，付了银子，就叫人将奇物抬走。店主纳闷，问道：“你花那么多银子买此物何用？”商人告之：“此乃一宝物，名字叫‘海井’，是一口专造淡水的井。只要将它放到海里，不愁没有淡水喝。”说完，他又取出 100 两银，赠给店主。

随着科学技术的发展，今天人类已造出海水淡化机，将古人“画

生命之泉——海洋

井解渴”的美好愿望变成了现实。

为什么海水不能喝

海水不能喝是因为海水含盐量太高，平均在35‰左右，而日常生活用水的含盐量在5‰左右，工农业用水的含盐量有的可以稍高一些，但也不能高于3‰。要使海水像溪水那样甘甜爽口，就要脱掉海水中的盐分。脱盐，就是人们通常所说的“海水淡化”。

海水和苦咸水淡化，可以追溯到公元前400多年。那时，希腊哲学家柏拉图已经认识到，如果用植物性材料过滤苦咸水，盐就会在材料上面贮存起来。亚里士多德早已知道：由盐溶液中蒸发出来的蒸汽冷却凝成水珠以后可以饮用。另外，普利纽斯在他的《自然史》中也这样写道：“航海者在作较长时间的海上旅行时，把海水装在陶罐中，使其蒸发，在罐盖上会出现冷凝水，便可以收集利用。”后来许多的航海者，特别是在罗马的船上，缺水时，都用蒸发法来制取淡水，供人们在航行中饮用。当年罗马帝国曾经用简单的蒸馏器提取淡水供被围困在埃及亚历山大的罗马军队饮用。

历史上第一次有记录的船用淡化器是1606年在西班牙大帆船上使用的。而在船上广泛地进行海水淡化是19世纪末。那时，蒸汽轮船发展起来了，为了满足锅炉用水和一部分饮用水的需要，轮船上普遍安装了制造淡水的蒸发器。世界上第一台固定式淡化装置，于1877年在俄国巴库建成。此后，在欧洲及其他干旱国家也相继建立。

现在世界上有十多个国家的一百多个科研机构在进行着海水淡化的研究，有数百种不同结构和不同容量的海水淡化设施在工作。一座现代化的大型海水淡化厂，每天可以生产几千、几万甚至近百万吨淡水。淡化水的成本在不断地降低，有些国家已经降低到和自来水的价格差不多。某些地区的淡化水量达到了国家和城市的供水规模。海水淡化，事实上已经成为世界许多国家解决缺水问题普遍采用的一种战略选择，其有效性和可靠性

海水淡化设备

已经得到越来越广泛的认同。海水淡化作为淡水资源的替代与增量技术，愈来愈受到世界上许多沿海国家的重视。

海底的“工业血液”

石油被称为“工业的血液”，是现代能源结构中最重要的矿物燃料。随着工业生产的发展及交通事业的突飞猛进，石油的需求量急剧增加。

石油不仅储藏在陆地下面，也储藏在大海底下。

海底的石油储量有多少

有人估计储藏在海底的石油有3000多亿吨，占整个地球石油储藏量的1/3；也有人估计海底石油储量比陆地储藏量多。海底石油大部分埋藏在大陆架浅海海底，如波斯湾、墨西哥湾、几内亚湾、北海。在我国沿海渤海、黄海、东海、南海都蕴藏着石油资源。

从20世纪60年代开始，世界上就出现了勘探、开采海底油田的热潮，许多国家建成了数以百计的海上油田。尽管目前海上采油数量还不是很多，仅占世界石油消耗量的小部分，但随着更多海上油田的发现和开发，海底石油产量会急剧增加。海底石油将会成为“工业血液”的主要来源。

海洋中栖息着许多生物，有海洋动物、植物、微生物等，包括居住在海底的珊瑚、软体动物类的底栖生物；漂浮于海水中的有藻类等各种浮游生物；生活于海水中层、表层的许多鱼类和海洋动物。海洋中丰富的生物为生成海底石油准备了条件及物质基础。

海洋中的生物有生有死，海洋生物的遗体沉入海底，与泥沙一起埋藏于海底；流入海洋的河流也带来大量有机物质，它们和生物遗体一起埋藏在海底，并在海底缺氧的环境中沉积。海洋生物遗体在一定温度、压力条件下，受到微生物的活动和分解，在适宜的地质环境中，经过漫长的历史年代，形成了石油滴。那些可生长石油和天然气的岩层叫生油层。由于海底地形变化形成储油构造，无数的石油滴聚集一起，形成石油矿藏。并不是生油层都能贮油，形成贮油构造要有一定的条件，只有当聚集石油滴的岩层多孔、有裂缝，而且周围要有不透水的岩层所封闭，石油滴才会贮存起来，形成油气藏构造。

海上钻井平台

海底石油埋藏在海洋底部，上面被沉积物所覆盖，又有一层海水所阻挡。如何找到海底油气藏构造呢？最原始的方法是观察海面，因为石油的比重比海水小，埋藏于海底的油气可顺着地层中的孔隙、裂缝往上飘移，会漂浮至海面，被人们发现。20世纪初，有人在墨西哥湾海面上看到一层漂浮的油花，由此在那里发现了一个大油田。

寻找海上油田最可靠的方法是进行海上勘探，经过地质调查、地球物理勘探及钻探等几个阶段，以确定海底是否有石油储藏。

海洋地质调查包括沿海陆地和海底地质调查。大陆架地质构造和沿海陆地有关。所以，根据陆上油田地质构造可以推断海底地质构造。那些陆地发现有油田的地方，与它相毗连的海区，也可能出现石油、天然气储藏。

地球物理勘探用于了解海底地质构造情况，它可以在较大面积范围内，以较快的速度寻找到海底石油。地球物理勘探种类很多，主要有以下几种：

地震勘探，利用人工方法产生地震波，让它在海底岩层中传播，利用地震波传播和反射的速度来了解海底地质构造情况。地震波由专门的地质勘探船通过在海水中用炸药爆炸或用压缩空气、电火花瞬时释放大量能量来产生，并由地震仪测量，记录地震波在地层中传播情

况和反射速度的不同，并以此判断海底地质情况。现代海上石油勘探大多用地震勘探法来进行，世界上一些主要海上油田也是由地震勘探所找到的。

重力勘探，利用海底各岩层的密度不同，用重力仪器来发现和测定岩层中重力的变化，发现重力异常现象来寻找地下油、气藏。

磁力勘探，利用海洋调查船或飞机拖着的磁力仪，测定、发现磁力异常现象，来寻找海底油、气藏。

电性勘探，利用岩层导电性不同，由专门的电测仪器来测定岩层导电性能变化，发现电力异常，来探测海底岩层构造，寻找地下油、气藏。

上面这些地球物理勘探方法能够发现海底的储油构造，但是，海底究竟有没有油、气藏构造，油、气藏构造里到超声波信号，由船上计算机发出控制信号指挥水下推进器控制船位，使钻井船能排除海上风浪、海浪、海风等的干扰，保持船位，便于钻机进行钻探作业。当一个地方油井钻成了，便可自行驶往新的海区进行海上作业。

到底选择何种海上钻井装置，要根据海底地质状况及具体情况决定。

为适应深海采油的需要，在 20 世纪 90 年代出现了一种浮式采油系统，有两种形式：一种是油轮式，像海船一样漂浮在海面；另一种是半潜式，它类似于半潜式钻井装置，一部分在水下，一部分在水上。

随着现代科学技术的发展，有人设想建设海底石油城。在那里安装有采油装置、油气分理装置、贮油罐、输送管道。水下采油作业由

海上油田

海上采油平台

机器人承担，工作人员居住在水下实验室里，以保证海底石油城设备安装、维修、采油作业管理等。

海上采油平台或者浮式采油系统生产出来的原油需要处理与贮存，即把从海底开采出来的混有水和天然气的初级原油进行分离处理，把水分分离出来净化后排入大海，把其中的天然气留作生活能源，将多余的就地燃烧，最后把纯度较高的原油输送出去。海上储油船便是用来进行原油的处理与贮存的。它接受到来自采油平台的原油后，在船上进行加工处理。原油经预热进入原油处理系统，使油气分离、油水分离。分离后得到的天然气作为船上燃料,多余部分从火炬塔燃烧掉。分离后得到的水排入大海。经过处理加工后的原油输送至船上储油舱，再通过油轮装运储油舱原油。

动力转换——智慧的驾驭

海洋上最为壮观的便是海面上滔天的波浪。在水连天，天连水，白茫茫的海面上，海风在呼啸，浪涛在汹涌。要是在狂风暴雨的日子里，白浪滚滚，像成千上万条凶残的鲨鱼龇咧着雪白的牙齿，互相追逐着、咆哮着。

波浪是海上的力士，力大无比，永不疲倦。它能把海上航行的舰船像抛彩球那样抛到岸上，它是许多海上灾难的肇事者。波浪里蕴藏着巨大的能量，可以被利用来发电。

气势汹涌的巨浪

你知道吗

海浪爆发力和冲击力有多大

有人做过这样的测试，海浪对海岸的冲击力，每平方米20～30吨，有时高达60吨，巨大的拍岸浪涛曾将130吨重的岩石抛到20米的高处，将1700吨重的岩块翻了一个身；30～60米高的惊涛骇浪把瓦胡岛的北部熔岩海岸砸得粉碎。1952年12月16日，一艘美国轮船在意大利西部遭到巨浪袭击，船被截为两段，一段抛上海岸，一段沉入海里。1896年，日本本州地震引起的那次海啸，巨浪冲毁房屋1万多间，冲走船舶3万只，死伤2.7万人。

据估算，1个波高2米、周期5秒的海浪，在1千米宽的海面上至少可以产生2000千瓦的电力。整个世界海洋中波浪能达700亿千瓦（实际可利用的有30亿千瓦），占全部海洋能量的93%，是各种海洋能中的“首户”。

如此巨大的波浪能，人类是不甘心让它只带来灾难，而不造就幸福的。于是，聪明的人类想方设法驯服这匹海洋上的“烈马”，让滚滚的浪涛发出强大的电流来。

波浪，不像潮汐那样周而复始，变化有规律。波浪是匹狂暴无羁、性情难驯的“烈马”。它温和时，静如平湖；发怒时，波涛汹涌。波浪能是散布在海面上的低密度不稳定的能源，要利用它，首先要对它进行“捕捉”“收集”。这就要求人们设计和试验的波力发电装置必须能充分地将大面积海面上的波浪能加以吸收，并集中转换成机械能，再带动发电机运转发出电来。另外，波浪的狂暴能产生巨大的破坏力，这就需要发电装置坚固抗摧。

波浪能给人类出的道道难题，越发激起人类去攻克它，驯服它。早在18世纪末，人们就开始探索波浪能的利用问题。许多海洋工作者为此绞尽脑汁，设计出种种利用波浪能的设备。1799年，巴黎发表了第一个波能转换装置的方案；1810年，法国学者又在波尔多市的罗埃第一次进行了波能发电试验；1911

利用波能发电的转换器

年，第一个波能发电装置建成；1965年，波能发电装置作为导航浮标及灯塔的工作电源开始在实际中应用。目前，世界上已有英国、日本、美国、加拿大、芬兰、丹麦、法国等国家研究波能发电，并提出了300多种发电装置方案，其中主要有两种方式：英国式波能发电装置和日本式波能发电装置。

英国式波能发电装置主要特点是：将波浪能转化为机械能，带动发电机发电。它的主要类型有两种：“点头鸭”式波力发电装置和筏式波力发电装置。

“点头鸭”式波力发电装置是英国爱丁堡大学的索蒂尔博士发明的。据他介绍，他发明波能装置纯属偶然。1973年的一天，索蒂尔患了感冒，妻子对他说：“别在那里躺着为你自己发愁吧！你为什么不来解决能源危机呢？”她所要求的能源装置，既清洁又安全，在苏格兰的冬天也能正常运转，而且经久耐用。于是，物理学教授索蒂尔就开始考虑利用苏格兰近海的奔腾不息的波浪来了。具有发明才能的索蒂尔领悟到，提取波浪能的装置应该是类似抽水马桶里的球形阀一类的东西，一起一落，推动一台泵产生电力。在爱丁堡大学的试验室里，他借来一个波浪槽，开始试验。他和助手们制作的“点头鸭”模型可提取15%的波浪能，后经改进，提取率高达90%。又经过多次试验，他们按1∶1的全尺寸制造了试验模型。这些模型由许多巨大的钢筋混凝土方容器组成，每个容器有一间房屋大，容器装在一根固定的水平转轴上，海浪冲来，这些容器像鸭子一样随波点头，驱动发电机发电。根据计算，每1米长的滨海区域，全尺寸的“点头鸭”平均发电30～50千瓦。480千米长的“点头鸭”装置链，可供给整个英国目前

波力发电装置

所需的电能。

英国式波能发电装置的另一种类型是筏式波力发电装置。它是由英国气垫船的发明者库克爱尔研制的。该装置是由许多个浮体顺着波浪前进方向排成一列，用铰链连接在一起构成的，在筏与筏之间安装水泵，利用波上筏体的相对回转运动，使水泵工作，从而驱动发电机发电。筏式装置的能量转换效率取决于筏的个数和大小。

进入20世纪80年代后，英国对以上两种类型装置的研究暂时不予投资，而是将重点转向波动水柱、气袋式等新式波能发电装置的研究。

日本式波能发电装置主要是利用波浪起伏运动产生压缩空气，推动空气涡轮机运动带动发电机发电。利用波浪产生压缩空气，最先是由一个名叫弗勒特切尔的人提出的。他从给自行车打气这件小事中受到启发，设计了一个带有圆柱筒和活塞的浮标，用波浪运动产生压缩空气，压缩空气又去吹动一个哨笛，于是便设计出了一个“警笛浮标”。把它拴上铁锚放在海里，只要海上出现波浪，它就吹起警笛，声音有长有短，有高有低，和波浪具有同样周期。在以后很长的时间里，法国沿岸都用这种浮标来导航和发布大浪警报。这是人类利用波浪能的最早的一种装置。日本式的波能发电装置原理，就是受其启发。

目前，由于技术问题，波力发电成本比热电高10倍。为了提高波力发电实用化水平，许多国家正在

中国的波浪能资源十分丰富

考虑这样一些技术问题：一是必须提高小波幅发电输出，目前只是在波高大于 1.3 米时才能发电；二是尽可能使波力平稳，以获得稳定输出；三是解决向陆地送电的特殊电缆；四是解决发电船的锚碇力，增强发电船抗风浪的能力。

中国的波浪能资源十分丰富，其总量大约 0.23 亿千瓦。中国近海受季风控制，冬季浪大，夏季浪小。特别是冬季在强烈的偏北风吹刮下，从黄海到南海形成了一条东北—西南走向的大浪带，平均波高在 2 米以上，波浪具有波高而周期小的特点，有利于波能发电。可以相信，随着科学技术的发展，滚滚波涛会向人类献出更多的电能。

大海的结壳——人类的宝贝

当人们发现在深海大洋盆地中广泛铺展着一层多金属结核“铺路石”后，又通过拖网取样发现在许多海山的斜坡和海底高耸的隆起、顶部裸露的岩石表面附着一层黑褐色的薄结壳。这层结壳就像披在海山上的盔甲，因为它的主要金属成分也是锰和铁，所以早期叫作“锰结壳”，但后来发现其中钴（Co）的含量出奇得高，因此现在称之为“富钴结壳”。

锰结核

富钴结壳的厚度并不大，一般仅有 2 ~ 5 厘米，目前采到最厚的也只有 15 厘米（位于约翰斯顿环礁南部）。

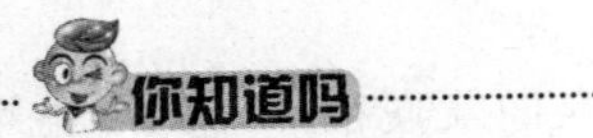

为什么富钴结壳比有很大的开采价值

从商业经济价值考虑，它首先富含 Co，可以满足目前对钴的大量需求；其次，它分布在较浅的海山上，一般在 800 ~ 2500 米水深之间，开采相对比较容易，成本也相对较低；最后，它的分布不像多金属结核集中在水深五六千米的深海大洋盆地底部，而是分布于大洋盆地边缘的一些海山上，有些分布区还在一些国家的专属经济区（EEZ）范围内，这样开采起来更为方便，没有海洋权益之争。因此，国际海洋矿业界和技术界更看好钴结壳的开采，有人估计钴结壳的商业开采可能要比多金属结核开采来得早些。

钴结壳分布的海域较广，几乎在海山区都可以找到它的身影。但目前调查表明，最富集的海域是中太平洋海山、约翰斯顿岛、夏威夷群岛、金曼岛、巴尔米提岛和马绍尔群岛、莱恩群岛、麦哲伦海山区、天皇海岭、马克萨斯海台、南太平洋波利西尼亚群岛和库克群岛等；大西洋的凯尔温火山区、中大西洋海隆区、南大西洋的里奥格兰德海隆；印度洋塞舌尔群岛海流活动较强的部分基岩裸露区。其中以中太平洋海山区和中南太平洋海山区的富钴结壳分布广、厚度大、钴含量高而具有较高的商业经济价值。如莱恩—库克群岛区结壳分布面积约 5.5 万平方千米，估计资源量为 21.5 亿吨，其中含钴 146.5 万吨、铜 17.2 万吨、镍 99 万吨、锰 5.3 亿吨。据不完全统计，在太平洋西部构造隆起上，富钴结壳的资源量达 10 亿吨，钴金属量达几百万吨，其经济价值超过 1000 亿美元。

据推算，太平洋每座海山顶部

钴矿石

和斜坡的平均面积为300平方千米，其中可产500万吨钴结壳。马绍尔群岛海域一处海山面积为300平方千米，覆盖面积为40%、厚度为2厘米的结壳，可开采矿石300万吨。夏威夷和约翰斯顿环礁水域的海山面积就达5.72万平方千米，拥有3.2亿吨钴结壳，可满足美国几百年内对钴的需求，同时也可满足其对铂（Pt）的需求。

据对南太平洋密克罗尼西亚等11个群岛的海山钴结壳资源潜力的估计，钴的储量有3895万吨，镍有2091万吨，锰有10.61万吨，铂有2400吨。由于钴结壳的经济价值高，目前美国、日本已率先对钴结壳的开采技术方法和选冶炼等技术工艺问题进行开采前期的研发准备和试采。

源源溴素海中来

人的一生中，要留下童年的天真、青年的风采、中年的成熟、老年的深沉，那么就去照相。要想得到一张清晰的照片，离不开溴化银。

当你神经衰弱，受到焦虑、失眠等的困扰时，溴剂可用来镇静。

当你染上病菌时，所使用的青霉素、链霉素等各种抗生素都离不开溴。

溴素

溴不仅与人类的生活和健康有关，在农业生产上也大有用途，用溴制作的熏蒸剂和杀虫剂，可以消灭害虫。

在工业方面，溴也有用武之地。目前溴大量地用作燃料的抗爆剂，把二溴乙烷同四乙基铅一起加到汽油中，可使燃烧后所产生的氧化铅变成具有挥发性的溴化铅排出，可防止汽油爆炸。用溴能生产一种溴丁橡胶，溴还可以用来精炼石油等。

海水的溴含量有多少

海水中溴的浓度较高，在海水中溶解物质的顺序表中可排在第七位，平均浓度大约为67毫克/升。海水中溴的总含量有95万亿吨之多，占整个地球溴总储量的99%以上。

1825年，法国化学家巴拉尔首先证明了在地中海的海水中有溴的存在。第二年，巴拉尔用氯处理海水卤水后，通过蒸馏得到了溴。于是，这位23岁的青年成为“溴的发明者”。今天制溴工业的基本方法，仍沿用当初他所采用的方法。

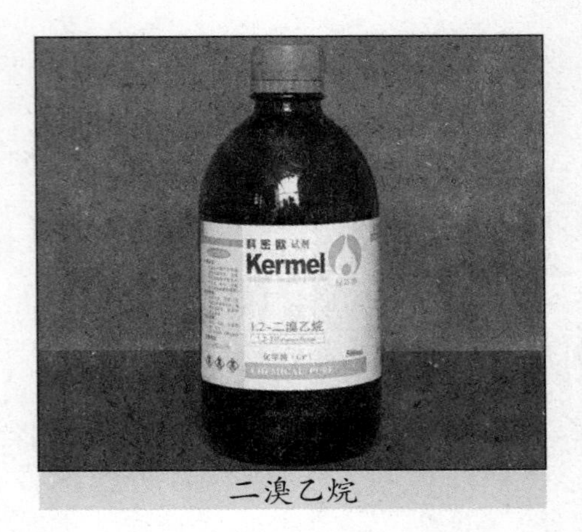

二溴乙烷

1840年，溴被用于照相技术，于是提溴就急剧发展起来。当时欧洲需要的溴都是从卤水和天然浓盐水中提取。1865年，有人利用制取钾盐剩下的溶液，采用二氧化锰和硫酸氧化法提溴。1877年改为连续的氯氧化法提溴。1907年德国人库比尔斯基在此基础上又进行了重大改进。美国人于1889年提出用电解法提溴，后来又采用空气吹出新工艺，并被用于直接从海水中提溴，获得进一步发展。

1921年发现溴加入汽油中可作抗爆剂后，二溴乙烷的用量剧增，促进了制溴工业的发展。溴的用量从1920年的500吨，发展到1930年的5000吨，于是海水提溴形成工业化生产。1933年美国建立了日产7吨溴的工厂，此后英、德、法、日等国也相继建立了海水提溴工厂。这样，世界溴产量的60%～70%是从海水中提取。世界上最大的海水提溴工厂在美国，建立于第二次世界大战期间，该厂生产的溴，几乎占了世界海水提溴总量的2/3。

后来，美国着重于天然浓盐水的资源开发，海水提溴因成本高而逐渐停止生产。但英、法、日等国因缺乏浓盐水资源，仍以海水提溴为主。

海水提溴技术，目前主要有两种方法。第一种叫空气吹出法，目前世界各国多采用此法。这种方法是用氯气氧化海水中的溴离子，使其变成溴，然后通入空气或水蒸气，将溴吹出来。第二种海水提溴的方法叫吸附法，即采用强碱性阴离子交换树脂做吸附剂，用于海水提溴。这种树脂具有良好的物理化学稳定性，经过2000次试验之后，每克干树脂的吸附量为0.06克，相当于首次试验吸附量的33.6%。按每年生产300天计算，每日周转2次，可使用3年以上，每吨干树脂可提溴150吨。

目前，海水提溴的总产量每年为20多万吨，其中大部分是美国生产的，它以天然的浓盐水为原料。

中国从1967年开始进行空气吹出法由海水直接提溴的研究，1968年试验成功，而后青岛、连云港、广西北海等地相继建立了年产百吨级的海水提溴工厂进行试生产。树脂吸附法海水提溴研究，中国于1972年试验成功。1977年，山东海洋学院研究发现了一种JA-2号吸附剂，可同时高效能地吸附海水中的溴和碘。使用JA-2号吸附剂在较短时间内可吸溴达10万微克左右。估计用这种吸附剂从海水中提碘和溴，每生产1吨碘，可同时得到60～100吨溴。JA-2号吸附剂原料易得，制作简单，流过的海水损失少，可反复循环使用。

世界的溴主要用作汽油抗爆剂，其次是作农药。但这两方面都有污染环境的问题，因而已被限制使用，这样就影响世界制溴工业的发展，不少制溴工厂已转向对海水中其他成分的综合利用。相信随着科学技术的不断发展，人类将会发现溴的新用途，那时海水制溴工业将得到更显著的发展。

氯化钾，是人类从海水中提取的肥料。钾肥肥效快，易被植物吸收，不易流失。钾肥能使农作物茎秆长得健壮，增强抗旱、抗病虫害的能力。海水提钾主要用来制造钾肥。此外，钾在工业上可用于制造化学仪器和装饰品。钾亦可制造软皂，可用作洗涤剂，钾矾（明矾）可用作净水剂。海水中钾的含量为500万亿吨，远远超过陆地钾石盐等矿物的储量。因海水中含钾浓度低，仅为380毫克／升，用以生产钾肥的成本很高，长期以来，还只是利用生产食盐后的苦卤少量生产钾肥。

“重水”，是海水中蕴藏着的巨大能源。有人估算，如果把海水中含有的200万亿吨“重水”都提取出来，可供人类上百亿年的能源消费。

你知道吗

什么是“重水”

众所周知，水分子由氢和氧两种元素构成，普通氢原子量为1，但氢不只是一种，还有两种稳定性的同位素：一种叫氘，一种叫氚，它们的原子量都比普通氢大，所以又叫“重氢”。由重氢和氧构成的水叫“重水”。“重水”可作原子反应堆减速剂，也是制造氢弹的原料，还可用来发电。据计算，1千克氘燃料，至少可以抵得上4千克铀、1万吨优质煤。1970年，美国在哥拉斯

湾建立了一个年产200吨“重水”的工厂，由于腐蚀严重而停产。目前世界各国正在努力从事海水提取“重水”的研究工作。

海水“淘金”也是人们所渴求的。每吨海水中含金量约为4×10^{-6}克。由于浓度太低，海水提金至今未取得成效。但黄金太有魅力了！人们处心积虑地研究海水提金的办法，目前关于海水提金的方法，已有50多篇专利文献。

在海水这个宝库里，人类除了提取食盐、铀、镁砂、溴之外，还提取其他微量元素。这些元素有的已形成工业规模生产，有的还在研究之中。

此外，人类还从海水里提取芒硝、石膏、硼、锶等元素。

大海的馈赠 ——“可燃冰”

当人类为“石油危机”——陆地石油、天然气等化石燃料在不久的将来（甚至有人预言六七十年后）就会消耗殆尽而忧虑的时候，在北极圈内外、冻土地带和深海底先后发现了一种分布广、埋藏浅、储量巨大的新型能源矿种——天然气水合物（$CH_4\cdot5.75H_2O$）。由于它外部形态像冰状结晶体并可燃烧，专业人员给它起了个“甲烷干冰”的雅称，而普通人士更形象通俗地叫

高纯镁砂

燃烧的可燃冰

它“可燃冰”。

其实早在1810年，科学家就在实验室里发现了这种“甲烷冰”物质。直到20世纪30年代初，俄罗斯学者在西伯利亚输气管道中首次发现自然形成的天然气水合物。自此很长一段时间，这种化合物因其经常堵塞输气管道或使管线破裂，或因分解释放甲烷而引起地质灾害，一直被当作令人生厌的东西，科学家想方设法要把它清除掉。1960年，苏联学者使用地震地球物理技术方法，首次在天寒地冻的西伯利亚永冻土层中发现了天然产出的天然气水合物。1969年，苏联投入开发世界上迄今唯一的陆地天然气水合物气田——梅索亚哈气田。

20世纪70年代初，在美国阿拉斯加北部的Prudhoe湾油田西端钻井中采获第一个水合物样品。到了70年代中期，人们认识到这种化合物不仅存在于极区的永冻层中，而且还分布于外部陆架边缘深水沉积物的上部。70年代末，以美国为首的“深海钻探计划”（DSDP）在中美洲海槽进行调查期间，首次从该海域钻探的20个海底钻孔中发现9个钻孔的岩心样品中含有天然气水合物，科学家对这种甲烷水合物研究的兴趣倍增。因此，参加DSDP的各国专家拉开了大规模综合研究天然气水合物的序幕。

2000年，加拿大温哥华岛的渔民从海底挖出了1吨重的冰状天然气水合物。因为不知它为何物，渔民们很快把那嗞嗞作响的大块固体白色物倾倒回海洋。

我国南海北部陆坡区的天然气水合物资源，经初步探测和估算，其资源量达185亿吨油当量，相当于南海深水勘探已探明的油气储量的6倍。神狐海域钻获实物样品之后，尽快发现具有开采价值的可燃冰矿藏，已成为当前我国气体水合物勘探研究的首要目标。人们期望我国海域拥有足够量的新型能源为子孙后代造福。

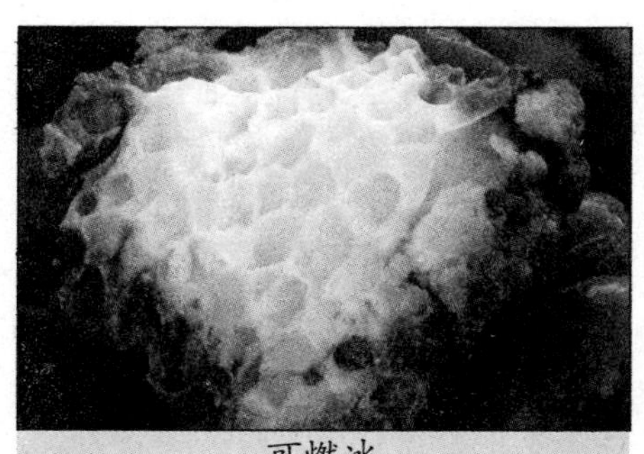
可燃冰

我国在钻获“可燃冰”方面有哪些成绩

值得一提的是，我国先后于2008年11月和2009年6月，在青海省祁连山南麓海拔4000米以上的天峻县木里镇永久冻土带多次成功钻获天然气水合物实物样品。至此，我国成为世界第一个在低纬度冻土区发现“可燃冰”的国家，是继苏联、美国、加拿大之后第四个在陆域钻获“可燃冰”的国家。

这次钻获的“可燃冰”处于永久冻土层之下，埋深较浅，一般位于井深130～396米的不同层位，地层时代属于中侏罗统江仓组和木里组。与海域“可燃冰”相比，两者有所区别：海域“可燃冰”甲烷（CH_4）纯度高，含量为99%左右，样品呈团块状或细纹状，在海面之下1000多米深，从海底往下200多米深的地层中，其气源矿主要来自海底天然气藏。陆域“可燃冰”甲烷含量达70%多，纯度不一，样品呈薄层状赋存于泥质粉砂岩、细砂岩、泥岩的裂隙面上，主要成分为甲烷，还含有乙烷、丙烷等，气源成因与上覆或下伏的煤炭资源有关，是青藏高原长期演化过程的产物，应属于化石能源。

中国地质科学院矿产资源研究所实施钻探项目首席科学家祝有海研究员，先后三次将样品送青岛海洋地质研究所水合物低温实验室，使用世界最先进的激光拉曼光谱仪进行检测。此外，18位院士专家对样品进行了评审，再次确认其为天然气水合物。这是继南海北部钻获天然气水合物之后的又一重大突破，对寻找新型能源具有重大意义。

海底喷溢热液流体

自1972年美国海洋地质家罗纳确认大西洋中脊北纬26°处有热液活动；1976年美国海洋科学家在东太平洋和加拉帕戈斯断裂带水深2500米处发现海底热液喷溢口；1978年美法联合使用“西安纳”号，在北纬21°的东太平洋海隆首次发现热液硫化物；1979年美国“阿尔文”号再度下潜，发现了“黑烟囱”及其喷溢口呈环带状存活的生物群落以来，这一海底现代成矿作用表明，在由海底扩张而产生新洋壳的同时，海底多金属硫化矿床也随之形成。此后，此类矿床在国际矿物学界属最新研究领域，在成矿理论

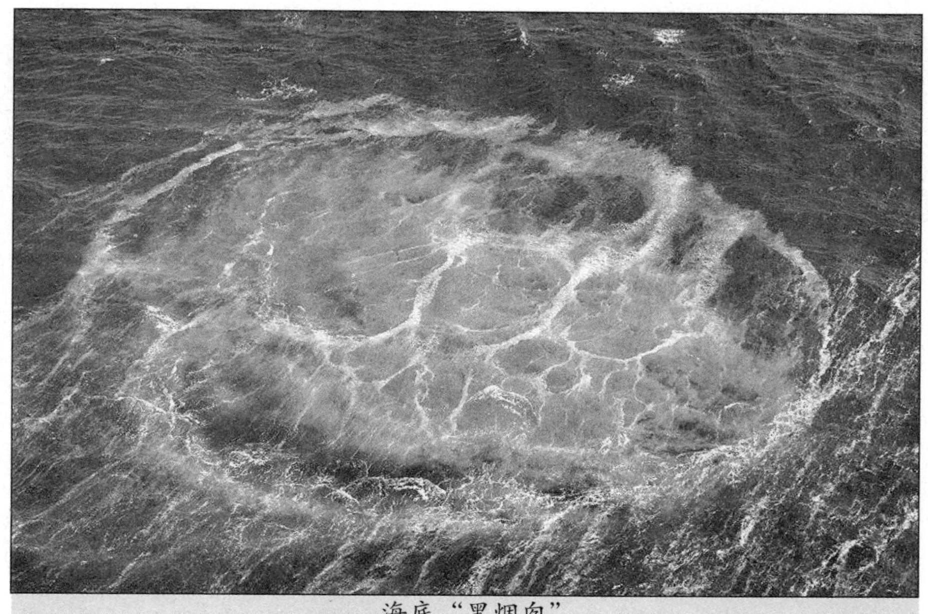
海底“黑烟囱”

和开发远景上都具有十分重要的科学意义和商业开采价值。地学界的矿床学家对这种类型矿床的研究已取得较大进展。

什么是海底热液

目前，国际海洋地学界对海底热液活动产生的构造部位已有了比较清楚的认识。从已发现的所有海底热液硫化物来看，它们均为海底热液溶解的高温热水所产生的硫化物堆积，热液溶解作用则是由海底热源驱使含矿热液在海底扩张中心对流循环而产生。海底扩张中心由大洋中脊的断裂带系统组成，它们环绕地球5000多千米，并通过所有主要的海盆。

通常认为，海底热液硫化物是热液水溶离洋底玄武岩，在热液上涌喷溢口附近产生的硫化物沉淀和堆积。在成矿过程中，起重要作用的是海水沿扩张裂隙下渗，形成了酸性的、具有强溶蚀能力的高温热水，并受深部热力加温，在对流循环的上涌过程中溶离出玄武岩中的大量金属元素，并以热液或蒸汽状态喷出海底进入海水中。在高温条件之下，硫化物在热液通道及喷口周围被海水迅速冷却、沉淀，逐渐堆积形成块状热液多金

玄武岩

属硫化物矿床。

最使人惊异的是，在通常被认为是极端不利于生命存在环境的热液喷溢口周围，科学家们还发现了大量形态各异的生物群落。

这些鲜为人知的生物群落的发现，使人们认识到地球上存在着两种大洋——“蓝色大洋”和“黑色大洋”，并存在两种初级生产力及其食物链。“蓝色大洋”以浮游生物为初级生产力，靠吸收阳光获取能量；“黑色大洋”则以热液细菌为初级生产力，主要依靠微生物通过化学合成作用还原海底热液系统中硫的氧化物获取能量。

在300℃高温的热液系统中，有一类被称为“嗜热菌”的微生物能存活下来。同样，在低温、高压、高碱、高盐等极端环境下也有极端的生命世界。已发现的极端生命形式包括嗜热菌、嗜冷菌、嗜碱菌、嗜酸菌、嗜盐菌、嗜压菌等，统称为“极端微生物”。它们主要分布于两大环境：一是热液本身就含有大量的嗜热细菌，它们随着其他热液物质一起喷出海底并在热液喷口附近聚积下来，火山岩中也含有大量细菌；二是存在海底沉积物和海底以下的地层中的微生物。“大洋钻探计划”（ODP）首次在洋底以下深逾750米的沉积物中发现有微生物存在。研究表明，深海极端环境下生存的生物群落是一种珍贵的生物资源，特别是它们的基因在现代生命科学和医学上具有特殊的意义和价值，未来深海生物基因资源的开发利用将给人类带来福音。因此，海底热液系统与极端生命现象是当今国际地学界研究岩石圈、生物圈、水圈等各圈层相互作用以及地球科学系统的前沿和最佳对象。

说到这些鲜为人知的生物群落，为什么在没有阳光、含氧量极其稀少、海水压力非常强大的大洋深海底处仍然存在生命？科学家们至今尚未做出令人信服的解释。有的学者认为，这是由于海底火山喷出的热水，把附近岩石中的矿物质溶解

海底火山喷发

出来，在热量和压力的作用下，它们会合成硫化物。这种硫化物不仅成为微生物的食物来源，而且还能与海底水中稀少的氧和二氧化碳结合，产生一种化学能源——类似于太阳能的作用。

众所周知，在自然界众多生物中，关系极其复杂，但均可围绕食物联系起来，构成所谓的“食物链”——它的基础是绿色植物通过光合作用，将氧、碳、水合成为有机物。动物直接或间接以绿色植物为食。因此，这种食物链又称“光合食物链”。地球上生物圈的生物赖以生存的能源是太阳，这就是“万物生长靠太阳”的道理。

但是，后来，美国科学家托马斯·戈尔德提出了一种“地下生物圈假说”，它从根本上动摇了“光合食物链”的理论基础。他认为，在地下存在一个由微生物组成，不依赖太阳能和氧的新的生命世界，而深海底火山或热泉处的生物群落，就是这个地下生物圈的出露部分。据统计，地球上有高达 2/3 的微生物可能深藏在洋底的沉积物和地壳中。后来，在瑞典锡利延的大陆超深钻中，从地下 6000 米深的花岗岩岩心中发现了微生物。据研究，这些微生物也是以地热为能源，以烃类为食物的。

“地下生物圈假说”尚需科学家们进一步研究证实。然而深海底生物群落的发现，不仅是生物理论的一个重大突破，而且也为太阳系外其他星球可能有生命存在提供了佐证。总之，为什么在深海火山或热泉附近能存活如此众多的海洋生物，它们又是靠什么来维持生存的呢？这些至今仍是尚未解开的科学之谜。

深海海底生物

海底热液活动不仅为人类提供了大量可供开发利用的矿产和生物资源，而且还有探索生命起源的科学研究价值。

取之不尽的海洋能源

把海洋称为蓝色煤田是很确切的，海洋中储藏的能源，无论是种类还是储藏量，都是陆上能源无可

比拟的。海洋能源除了前面介绍过的波力能、潮汐能，海流中蕴藏的动力能及海洋热能外，还有多种自然能源可供利用。并且，随着海洋工程技术的发展，可供利用的海洋自然能源将会更多。海洋自然能源的利用前景十分广阔。

海水中蕴藏有化学能，它存在于海水浓度差中。由于海水的浓度取决于海水的盐度，所以海水浓度差能又叫海水盐度差能。

海水中蕴藏着丰富的盐

海水的盐度是指1000克海水中所溶解的全部固体 物质的总克数，用符号‰表示，一般海水的盐度为30% ~ 35%。在河流入海处的淡水和海水交汇地方，有显著的盐度差，海水盐度差能最丰富，是开发利用海水中化学能最理想的场所。据估算，海洋中储藏的盐差能达到26亿千瓦，比海洋温差能还要大。

早在1939年，就有人提出利用盐差能来发电的设想。人们从化学实验中发现，把两种不同浓度的盐溶液倒在同一容器中时，浓溶液中的盐类离子就会向稀溶液中扩散。由此设想，将两种盐度不同的海水的化学电位差能转换为电能，其原理是利用渗透膜两侧海水和淡水之间的水位差，来驱动水轮机发电。

美国的诺曼博士提出一种利用盐差能发电的方案。他设计了一个水压塔，这是一个上端开口、下端封闭的腔室。水压塔的一侧是淡水室，另一侧是海水室，中间隔着特制的半渗透薄膜。由于海水与淡水之间的盐分不同，因而形成较高的渗透压力，淡水不断渗入已经充满海水的水压塔中；当水压塔中的水一直升高至上端，从上口溢出，就会冲击水轮发电机发电。

盐度差能是可供开发的一种新型海洋自然能源，人们对它认识较晚，对它的特点、基础技术掌握不够，特别是并发浓度差能最关键的材料半渗透薄膜还未过关，故海水盐差发电还未到实用阶段。但是，盐度差能蕴藏的能量巨大，利用海水盐度差发电，产生的电力要比潮汐发电、海流发电、温差发电都要大。海水盐差发电作为一种海洋新能源，还只是初出茅庐，但它诱人的前景，使得许多国家科技人员致力于对海水盐差发电的研究和开发。

海洋影响着大气的温度和湿度，也影响全球大气的环流。海洋是风雨的故乡，地球环境的“空调器”。海面上的海水受到阳光照射，海水温度升高，水分蒸发，含有水蒸气的湿润空气遇冷后凝结成水，成为雨降落地面；也可成为雪飘落大地。

海洋上和大气之间是一部天然的大型“空调器”，这台自然“空调器”长年累月、不间断地工作着，它的能源来自海洋和高空大气的寒冷空气之间的温度差。海洋表面上空大气温度高，高空大气层温度低，通常在 0℃以下。热冷空气之间的温度差，为海洋“空调器”提供了取之不尽的能源。

海水是地球的温度调节器

科学家设想从海洋“空调器”中提取能源，并提出一种设计方案，建造一座“兆功率塔”。它的高度为 5 千米，直径 50 米。在塔内充满丁烷气。丁烷气受到海洋热量作用而蒸发，以时速 180 千米的速度向塔尖冲去，到达塔尖时是一层 -10 ~ 30℃的霜。丁烷气遇冷液化，通过一根中心竖管，泻人底层。在塔的底层安装一个涡轮机，液化丁烷气冲击涡轮发电。这个“兆功率塔”发电功率可达到 7000 兆瓦。

利用“兆功率塔”从海洋空调器提取电力有许多技术问题要解决。首先，塔的结构要非常坚固，要能承载如此高大的海上建筑物；同时要保持塔身的稳定。对此，科学家设想，“兆功率塔”三面用 8 千米长的粗钢丝对塔进行固定，在塔四周绑着 4 个漂浮式椭圆形氢气球，利用氢气球的浮力来减轻塔身对塔底的压力。

科学家设想这座“兆功率塔”建造在北海海面，离海岸约 30 千米的一个浮动船坞上。“兆功率塔”的设想能否变为现实还是一个未知数，但是，它向海洋大气这台自然“空调器”提取电能，并非天方夜谭。海洋大气这台自然空调器是可以向人类提供新能源的。

石油污染——海洋的悲伤与愤怒

海洋不仅为人类提供了丰富的资源，而且是大量物资运输的最廉价的交通枢纽。众所周知，海洋是

墨西哥湾石油污染导致的生态灾难

一个巨大的石油储备库，然而，在人类开发利用海洋石油资源时，由于自然或人为因素造成的海洋石油污染对海洋环境造成了严重的破坏。当船舶行驶在这天然航道上时，也不可避免地把一些物质或能量引入海洋环境，造成海洋污染。据估计，全世界每年因航运作业及船舶失事而泄入海洋的石油约为 100 ~ 150 万吨，其中油轮事故溢油就有 50 多万吨。虽然石油开采事故不像油轮航运溢油事故那样频繁，但事故一旦发生，其后果难以想象。石油对海洋生物资源、海岸环境和人类自身都造成了一定程度的损害。海洋石油污染范围广，时间长，修复难度大。因此，海洋石油污染应引起人类的高度重视。

除了海上航运中发生的溢油事故和海上石油开采造成突发性灾难外，战争也是造成海洋石油污染的一种重要途径，而且由战争引发的海洋石油污染事故更具有毁灭性。

在这些严重的石油污染事件中，尤为值得一提的是 1991 年海湾战争石油污染事件和 2010 年墨西哥湾石油污染事件。

1991 年初爆发的海湾战争，是第二次世界大战结束后最现代化的一场激烈战争。海湾战争中，人类为了一点渺小的、可怜的眼前利益，给自己的家园带来了严重的灾难。1991 年 1 月 17 日的海湾战争破坏了大批油井，使大量的原油流入海中，形成的原油带长 96 千米，宽 16 千米，漂流的原油估计多达 1100 万桶，这是海上石油污染事件中最严重的一起，而且这次事故也是我们人类恶意破坏造成的海洋污染。在海湾战争期间，约有 700 余口油

井起火，每小时喷出1900吨二氧化硫等污染物质，这些污染物质漂洋过海，还“光临”了数千米外的喜马拉雅山南坡、克什米尔河谷一带，造成了全球性污染，并造成地中海、整个海湾地区以及伊朗部分地区降“石油雨”，严重影响和危害人体健康。

而此次战争中流入海洋的石油所造成的污染和破坏更是惊人。据估计，1990年8月2日至1991年2月28日海湾战争期间，先后泄入海湾的石油达150万吨。在炮弹的狂轰滥炸下，波斯湾沿岸众多的油井和油库遭到了空前破坏，科威特的许多油井燃烧起熊熊的火焰，散发着遮天蔽日的浓烟。1月22日科威特南部的瓦夫腊油田被炸，浓烟蔽日，原油顺海岸流入波斯湾。随后，伊拉克占领的科威特米纳艾哈麦迪开闸放油入海。科威特南部的输油管也到处破裂，原油滔滔入海，魔鬼的外套逐渐把海湾包裹起来。1月25日，科威特接近沙特的海面上形成长16千米、宽3千米的油带，每天以24千米的速度向南扩展，部分油膜起火燃烧黑烟遮没阳光，伊朗南部降下黏糊糊的“黑雨”。至2月2日，油膜展宽16千米，长90千米，逼近巴林，危及沙特，最后导致沙特阿拉伯的捕鱼作业完全停止。海湾战争造成的输油管溢油，使200多万只海鸥丧生，许多鱼类和其他动植物也在劫难逃，甚至造成一些珍贵的鱼种灭绝，美丽富饶的波斯湾变成了一片死海。

波斯湾风光

你知道吗

海湾战争的最大受害者是谁

海湾战争酿成的油污染事件，使波斯湾的海鸟身上沾满了石油，无法飞行，只能在海滩和岩石上待以毙命。其他海洋生物也未能逃过这场灾难，鲸、海豚、海龟、虾蟹以及各种鱼类都被毒死或窒息而死，成为这场战争的最大受害者。

海湾战争结束后，一些环保专家表示，要完全消除由海湾战争引发的5000万吨石油对海湾地区和全

球的影响，不仅代价高昂，而且所需的时间也较为漫长。这场战争对地球的环境污染和生态破坏，恐怕在人类历史上绝无仅有。

海湾战争中石油污染的阴云还未消散，我们人类的海洋又遭受了另一个触目惊心的灾难——墨西哥湾“深水地平线”钻井平台爆炸，这是我们人类因追逐利润而引发的。

墨西哥湾海面上的油膜

墨西哥湾的原油泄漏事件已经酿成了美国历史上最严重的生态灾难，美国总统奥巴马甚至把这一事件和“9·11”相比。英国石油公司（BP）租赁的石油钻井平台“深水地平线”于2010年4月20日爆炸起火后沉入墨西哥湾，事件致使11名钻井平台工作人员死亡，每天达5000桶原油泄漏，到后来达2.5万~3万桶，演变成美国历史上最严重的漏油事件。海面上迅速扩大的油污在事故当天就无情地飘向路易斯安那州海岸，危及那里最脆弱的沼泽和湿地，以及当地生产率最高的渔业。

截至2010年7月20日，油污已经形成5180平方千米的污染区，并“亲临”了美国路易斯安那州的一些小岛。虽然堵漏工作取得很大成效，但油污的清理工作将耗时近10年。墨西哥湾在长达10年的时间里将成为一片废海，造成的经济损失将以数千亿美元计。

漏油事件给墨西哥湾地区渔业、旅游业等造成的损失也不可小视。漏油事件不仅直接打击墨西哥湾沿岸年产值为18亿美元的渔业，其影响还将延伸到美国其他地区。美国政府尤为担忧的是，鉴于油污对墨西哥湾沿岸地区经济带来的巨大冲击，正在缓慢复苏中的美国经济有可能再遭重创,甚至导致二次触底。漏油事件对墨西哥湾地区陆地和海洋生态的影响也将很深远。

在这场灾难中，海洋生物更是饱受石油的煎熬。在受污染海域的656类物种中，已造成大约28万只海鸟，数千只海獭、斑海豹、白头海雕等动物死亡。将有10种动物面临生存威胁，3种珍稀动物面临灭顶之灾。

一场漏油事故，近乎中断了美国开发近海石油的国策；一场漏油事故，近乎使出事海域的各类生物遭遇灭顶之灾；一场漏油事故，近

乎毁了美国南部海岸的整个渔业及渔民生计。在墨西哥湾，漏油就像一匹脱缰的野马，肆意狂奔，事件正从各个方面向一场噩梦发展。

人海和谐遭遇严峻的挑战

今天，当我们讨论地球环境时，占地球表面71%的海洋影响作用和重要性是不可置疑的。人们不会否认，海洋这个巨大的水体，决定着地球的气候，决定着地球上所有生命群体的存在和活动方式。假如地球上海洋环境遭到破坏，其后果是不堪设想的。

在过去的20世纪前50年里，由于人们忙于两次世界大战，似乎很少有人注意到我们的生活环境会发生什么问题。

直到20世纪60年代以罗马俱乐部为代表的社会人类学家发出了全球危机与人类困境的警告后，人们才逐渐地认识到，原来我们居住的地球环境出现了问题。空气、河流被污染，土地荒漠化，能源危机，水资源危机，接踵而来的是粮食危机。大概也在这个时期，当时两位非常有影响的政治家提出了全面开发利用海洋的号召。一位是法国总统戴高乐，1960年他提出“向海洋进军”的口号。另一位是美国总统肯尼迪，他在1961年发表宣言，号召“开发新的处女地——海洋”。

到20世纪70年代后，人们开发利用海洋的步伐，不论是广度还是深度，都是前所未有的。这实际上是人们在对陆地资源开发、破坏达到极限，环境、资源无以为继的窘况之下，才“面向海洋”实现的转移。而荒漠化现象正紧随着人类的脚步，从陆地走向海洋。人们几乎是无节制地进行海洋开发活动，使海洋资源和海洋环境，遭到严重的破坏。假如人们的开发活动得不到有效节制，长此下去，人类在地球上赖以生存的最后一个支柱将不复存在。

于是，有人提出这样的担忧，过度开发可以使陆地产生荒漠化，那么，过度开发利用海洋，海洋会不会也出现荒漠化？答案是肯定的。

在刚刚过去的20世纪最后

开发海洋的工程设施

二三十年里，随着海洋潜在经济价值的认同所发生的海洋权益之争和大规模海洋开发活动的开展，污染海洋环境的事件一桩接一桩。发自海洋的各种警告，因人们追求更多更大的利益而不断传出。显然，今天的海洋开发活动，其规模、深度都是人类历史上从未有过的。举个例子来说，人类在海洋经历了亿万年之后开始参与开发海洋。如果说人类最初进入海洋像是走进了“原始狩猎场”的话，那么，在随后百余年里，人们逐渐用科学认识海洋，建起了规模生产的“海上农场”；而眼下人们所看到的是在不久的将来，人们以高科技为先导，高投入高产出的获取海上收获，与此相伴随，面临一触即发充满硝烟味道的、权益争夺的“海上战场”。

看来，人们又把在地球陆地上已经走过的开发、发展、掠夺和先破坏后整治之路引入了海洋。无可否认，今天人们所从事的海洋开发与破坏，投入与产出，都给海洋带来了巨大的污染。

污染严重的海域

由石油泄漏引发的思考

恩格斯很早就曾警告说：“我们不要过分陶醉于我们人类对自然界的胜利。对于每一次这样的胜利，自然界都会对我们进行报复。”也许那一幕幕的海洋石油污染的悲惨景象正是大自然对我们人类贪婪与无知的报复……

我们人类历尽辛苦，从深深的地下采出这滚滚的乌金，工业的血液，却又让其中一部分白白地流失了，既浪费了资源，又破坏了生态环境，造成的损失不可估量。海湾战争中损失的石油达5000多万吨，墨西哥湾深水钻井平台事故发生后，石油以每天约5000桶的速度在流失，这样使人类面临着更加严峻的能源危机。

从生态环境来说，石油所到之处，几乎总是生灵涂炭。死鱼烂虾漂浮海面，满身油污的海鸟绝望地在海水中挣扎，石油这个魔鬼连海底的珊瑚也不放过。溢油对鸟类的危害最大，尤其是潜水摄食的鸟类。这些鸟类接触到油膜后，羽毛浸吸

油类，导致羽毛失去防水、保温能力；另一方面它们因不能觅食而用嘴整理自己的羽毛，摄取溢油，损伤内脏，最终它们会因饥饿、寒冷、中毒而死亡。海上浮游生物是最容易受污染的海洋初级生物，一方面它们对油类的毒性特别敏感；另一方面它们与水体连成一体，大量吸收海面浮油，影响以浮游生物为食的其他海洋生物的生存。油污覆盖海面，遮住阳光，阻止了海藻等初级生产者的光合作用，从而造成整个生物链的中断。海面上休眠或运动的海洋哺乳动物受溢油污染危害的情况是不同的，如鲸鱼、海豚和成年海豹对油非常敏感，它们能及时逃离溢油水域，免受危害，但成年海豹和小海狗栖息海滩时，会被油污染所困，以至于死亡。

溢油对渔业的危害也很大，成鱼有非常敏感的器官，它们一旦嗅到油味，会很快游离溢油水域；而幼鱼生活在近岸浅水水域，容易受到溢油污染。近岸养殖的扇贝、海带等也是如此。即使鱼类和贝类在石油污染中逃脱一死，然而由于它们沾染上了强烈的油污味，也再不能被人们食用了。另外，养殖网箱受溢油污染后很难清洁，只有更换才能彻底消除污染，费用十分昂贵。此外，溢油对渔业造成的危害也会引起公共饮食安全危机。

墨西哥湾深水钻井平台事故

石油泄漏事件对全世界的石油企业在保障安全生产的环节上敲响警钟。

回顾一下我们曾发生的一些重大溢油事故，这不得不引起人类的共同反思。一是我们是不是该过度依赖石油资源，是不是无论它在哪里，都要千方百计要将其开发出来，供人类使用；我们是不是该拼命追求高新技术，去做过去“不可能完成的任务”。某种意义上这是人类的集体赌博和冒险，一旦事故发生，我们就相当于玩火自焚。二是我们是不是应该提倡研发新能源，并且将新能源广泛运用到我们的生活中，而不是一味地将后代的资源消耗掉；我们是不是该更加考虑生态的重要性，而不是仅仅考虑人类自身

墨西哥湾漏油事故

的需求。我们应该与自然和谐共处，走可持续发展道路。我们可以从以下几方面入手：

1. 海洋溢油污染的控制对策

从石油污染事件，我们可以看到，海洋石油污染对一个国家生态环境、经济发展、政治影响有着不可估量的影响。防治海洋石油污染，保护海洋环境及资源已成为当务之急。令人担忧的是我国目前对海洋石油污染的治理机制和防治措施明显落后。我们可以从以下几个方面加大工作力度，积极采取预防措施和解决办法，降低海洋石油污染，保护海洋生态环境。

2. 完善法规体系，坚决依法治理和保护海洋环境

海洋石油污染问题的产生不仅是经济和技术方面的因素，法律法规制度的不完善性、管理执法的不严格性等也是主要的原因。

我国的海洋法规有哪些

目前，我国已有的关于海洋环境保护以及溢油防治的法规条例包括：《中华人民共和国海洋环境保护法》《中华人民共和国海洋石油勘探开发环境保护管理条例》以及其他一些相关条例。但其中关于海洋石油污染的原则性条款很难正确把握，且其规定过于简单，可操作性不强，有些法律法规在实际中因为缺乏监控、疏于管理等原因而得不到执行。而且对于外籍油轮在我国海域内发生石油泄漏事件越来越频繁，但是对海洋生态损害赔偿的案件并不多，这也充分暴露了我国海洋生态损害索赔制度存在一定的问题。

加大立法进度和执法力度，完善海洋环境保护法规、标准、技术指南和管理办法，用法律法规调整和规范人们的行为，依法保护海洋环境资源，使海洋石油污染防治工作逐步走上法制化、正规化轨道。我们要通过国际上的海洋公约严格

管理自己的海域环境，同时要充分利用《国际油污损害民事责任公约》和《设立国际油污损害赔偿基金公约》及其系列议定书来维护我国的海洋生态损害应获得的赔偿权力。此外，我们要建立海上执法监察队伍，重视执法检查工作，同时加强国际合作,共同治理海洋石油污染。

3. 加强污染源控制，从源头上防止海洋石油污染

本着“预防为主”的原则，防治海洋石油污染的重点应放在污染源的控制上。首先，要重点控制陆地污染源。要加强重点排污口的监测、监视和管理，控制和减少各地尤其是沿海地区工业和城市含油污水人海量；要调整沿海大中城市工业布局，加强技术改造；要禁止生产、运输及生活活动中非法排放含油污水，严禁江河、湖泊、海洋沿岸炼油厂和其他工厂及船舶含油污水的排放，实行排污收费、限期治理等各项管理措施，尽可能减少排放含油污水，减少陆源含油污水入海量。

4. 提高防御能力，建立应急机制和应急物资储备机制

虽然由海上事故导致的污染仅仅是海洋石油污染的一部分，但因为海上事故发生突然、危害程度大，因此，必须建立海洋应急溢油应急响应体系，合理配置溢油应急环保设备和调度各方力量，快速、高效地开展海上溢油事故的处理工作，减少污染和损失。

海洋石油污染

加强污染源控制，防止海洋污染

加强海洋环保宣传教育，形成海洋保护的良好氛围

海洋孕育了地球上丰富的生命，为地球生命的发展提供了广阔空间。因此，我们必须加强海洋环保的宣传教育，使全社会认识和理解保护海洋环境的意义，尤其要加强对含油污水排放工厂、港口、航运企业的管理人员和一线操作人员的安全、环保意识教育和技术培训。要通过教育和宣传等途径，使他们认识到石油污染的危害，自觉树立环保理念，推进技术进步，减少油污的排放，促进经济的可持续发展。

海洋会吞噬人类吗

人类历来都以为海滨是人力所及的极限，也是大自然不可征服范围的起点。拉彻尔·卡逊在1951年写《我们的海洋》时，也以为海洋是最好的庇护所，永远安全。这句话听来有理：海是那么辽阔，大洲简直像其间的岛屿；海又是那么深，连珠穆朗玛峰掉进去也会没顶。海水总量接近13.2亿万立方千米，住着20万种生物。这么庞大的自然环境，谁能破坏？何必要保护？

尽管海洋占整个地球表面百分之七十，但生产能力大部分局限于包括大陆架在内的那些由海岸伸入水中的狭窄浅水海底中。既然如此，

海里的鲸鱼越来越少

海洋环境易受损害的道理便浅显得很了。这些浅水的沿岸水域不过是海洋总面积的区区一小部分，但全球需要的咸水鱼有百分之八十由这里供应。此外，几近七成的食用鱼类与甲壳类，在生活史上都有一个重要的阶段，就是生活在港湾里，即海湾、受潮地、河口等地方。这些地方肥沃富饶，营养比大海高20倍，比麦田也高7倍。把这些区域的生物链打断，把海底无数的有机体毁掉，把大陆架的水域染污，大海上主要的渔场必遭毁灭。

目前，或因海水污染，或因滥捕滥杀，有时两者兼而有之，不少渔场已遭毁坏。人类热衷填海拓地，沿海不少重要的受潮地变成了公路、工厂、桥梁或滨海住宅区。同时，其他港湾又天天都有亿万加仑的污水与工业废料注入，毒杀鱼类，毁坏蚝床蛤床，使海湾与受潮地不适宜生物生长。

重要的靠岸区域饱受摧残之际，外头的大洋也日受压力。比方说，1977年内，约有6700万吨废物用船运出美国水域外，丢入大海里。废物中有垃圾、废油、疏浚挖出的泥石、工业酸类、苛性碱类、去污剂、泥浆、飞机零件、烂汽车、腐败食物等等。探险家兼作家海伊达两度乘埃及纸莎草造的船横渡大西洋，途中见到塑胶瓶子、塑胶筒、

油渍等垃圾，都给海流冲到大洋中心之处。清晨，船员看见污染情形，竟迟疑不愿洗濯。

美国佛罗里达州美安密海滩这个著名“阳光与海浪”的天然风景中，离岸约 2100 米的海面，有个人工留下的痕迹，被人讥为“圆形球场”。那是碧波上一大块黄褐色冒着泡沫的污渍，非常难看。这片污渍是由美安密海滩与附近三个社区的下水道流出未经处理的污物所造成的。不过，风与潮水合力把废物送回沙滩的情形还很少见。

佛罗里达州卫生局下令美安密海滩当局处理污水已不止十年了，当局最近才考虑采取第一项步骤：把伸入海中的排污管延长 1.6 千米。会有好处吗？美安执密大学的海洋生物学家达勃说，加长排污管的结果，只不过让盛行风把污物吹到别处海滩而已。

佛罗里达东南部日益繁荣，估计在 20 年内，就会出现人口达千万的大都会。但圆形球场是个凶兆，表示佛罗里达州经济所赖的海洋与沙滩，虽然一向以为是无尽的资源，将来必会引起很多问题。

渔人、潜水人以及其他与海洋结下不解之缘的人说，美国沿海和世界各地都有相似的情况。例如：

纽约市的沟渠污物与泥浆，都丢在离岸不到八千米的大西洋中。附近捕获的鱼，肚子里会发现有香烟滤嘴、绷带或口香糖。同时，新泽西州北部有些邻近纽约港口航道的海滩，现在满地都是塑胶瓶子、焦油，甚至兽尸等物。

奥斯陆峡湾与挪威沿岸许多大港口，由于污物大量注入，一片广大的水域已没有海洋生物了。

海水污染的情况有三分之一是海洋工业故意排出废料、采用某些清洁方法和意外漏油所造成。1964 年以来，超过 180 艘油轮在海上遇难毁损，共有 1054 人丧生，5 亿多加仑原油漏入大海染污海水。最严重的一宗发生于 1978 年，“美油加地斯”号油轮在法国布列丹尼海岸外遇难破毁，漏出原油共 6600 万加仑。

1965 年，日本水俣湾区有 5 人死于水银中毒，另有 30 人患病，中毒原因是海鱼吸收了工业污物。早在 1953 年，海洋发出过警告，那年该地已有人患上这种病，病者逾百，死者 43 名之多。

面积较小的海，情形更坏。波罗的海深处，足以致命的硫化氢含量日增。据专家说，这种物品如果大量扩散，波罗的海就要成为海洋沙漠。地中海沿岸有名的海滩中，已有数十个因污秽而封闭了。仅意

大利里维耶拉的某一段，沿着海滩就有 67 条明渠排出污水，使海滩不宜游泳与玩乐。

最使人觉得目前海洋政策不足的，大概是海底油井爆炸与油轮折断的事件。石油污黑了海滩，弄死成千上万海鸟，并且一时不易解除对海洋生物的威胁，受害的地方已很多了，我们还没有好办法清理被漏出原油染污的海滩。近年油轮越造越大，大量漏油的危险也越来越大。到 1990 年，大概有 3000 多口海底油井，原油污染的危险也就更大了。

早期核子试验会有辐射物飘落。至今从海洋任何一处取水 230 升，仍可验出辐射性来。英国水域会有大量海鸟死亡，研究人员在死鸟体内发现异常大量的制造油漆与塑胶用的毒性化学物。全球各地普遍使用有毒而效力持久的杀虫剂，对许多处食鱼鸟和食肉鸟危害甚大，更有证据证明这些杀虫剂还能杀害浮游植物——海洋生物链中最基本的食料。

石油造成的污染

我们不得不作这样的结论：现在如不采取明智果断的行动，海洋就会像今日的陆地一样，变得杂乱污秽了。届时，损失最大的还是地球上的人类。

目前虽然已经迟了，但还有希望。不过，从大规模破坏海洋转变为保护海洋，是一件艰巨的工作。世界各国须共同订立一项国际海洋政策，牺牲狭隘的本身利益，以保存这个广阔的领域。海洋是我们祖先留给人类共有的财产，为了人类的前途，这件工作必须列为当务之急。这项工作，考验我们人类的才智，考验我们做人之道，也考验我们对子孙后代的道义责任感。具体说来，我们必须采取下列主要措施：

第一，尽量不把废物弃入大海、大湖及河流海湾的近岸处。经过处理后起码与海水的天然性质相同的液体废物除外。

我们快要没有抛弃废物的地方了。我们现在别无他法，只能利用科技设法把废物再循环，送回经济体系中再加使用。近来世界各国在控制海洋污染方面颇有进展，这是一件令人振奋的事。

第二，为了不让陆地上随处可见的混乱与破坏情形发生在海洋中，

我们在进行新的海洋建设(诸如建造朝向海面的喷射机场，或在新区钻探近海油井等)之前，须先订立严格的限制条例。

新工程的每一阶段，都要让公众知道，并与公众商量。例如决定是否应当让海洋工业及其附属装置在海上建立，或者是否让超级油轮在沿岸水域行驶等，都要征询公众的意见。

至于近岸油井，在生态环境易受影响的地区，就应停止钻探。除非有足以服人的证据表示新井无碍于海洋环境，而又有可靠技术能控制漏油事件，否则应当禁止钻探任何新油井。在此之前，海中不属于任何国家的未采油藏及矿藏，都应暂不开发。

第三，在无可估价的受潮地大肆疏浚与填土，及以“改进”为名开辟沿海地带，都必须立刻停止。

有些海洋生物学家严厉指出，目前海洋污染的情形正在加速恶化。我们若不立即采取行动，50年后，或者还不用50年，很多海洋生物会灭绝。